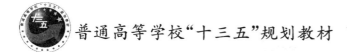
普通高等学校"十三五"规划教材

C 语言程序设计实验实训教程

主 编 孟爱国 彭进香

北京大学出版社
PEKING UNIVERSITY PRESS

内容简介

本书是与《C语言程序设计与项目实训教程》(上、下册)配套的实验教材,用于实践教学和读者自学。本书共分两个部分,第一部分为C语言上机指导,共有两章,第1章精选13个实验,覆盖了C语言的所有知识要点,实验案例特别讲解了调试工具的使用方法和调试错误的处理方法,案例之后精选的实验内容习题有助于读者巩固知识,提高编程能力和创新能力;第2章为每个实验内容习题的参考答案。第二部分按照C语言知识点提供了许多经典程序及解答,供读者自学。

本书内容丰富,实践性强,深入浅出,循序渐进,注重培养读者的程序设计能力及良好的程序设计风格和习惯。可作为本科院校计算机程序设计语言的实践教学用书,也可作为从事计算机应用、程序设计人员的参考书和各类考试的培训教材。

前　言

　　C 语言已经成为最重要和最流行的编程语言之一。目前许多高校开设了"C 语言程序设计"课程,几乎每一个理工科或者其他相关专业的学生都要学习它。同时,C 语言也是"全国计算机二级等级考试"中参加考试人数非常多的一门语言。因此,用 C 语言编程也是用来衡量计算机程序设计水平的一个重要标准。

　　C 语言概念简洁,数据类型丰富,表达能力强,运算符多且用法灵活,控制流和数据结构新颖,程序结构性和可读性好,有利于培养读者良好的编程习惯,易于体现结构化程序设计思想。它既具有高级语言程序设计的特点,又具有汇编语言的功能;既能有效地进行算法描述,又能对硬件直接进行操作;既适合于编写应用程序,又适合于开发系统软件。它是当今世界上应用最广泛、最具影响的程序设计语言之一。C 语言本身还具有整体语言紧凑整齐,设计精巧,编辑方便,编译与目标代码运行效率高,操作简便,使用灵活等许多鲜明的特点。为了提高本课程的教学质量,改善 C 语言难讲、难学、难以掌握的现状,我们编写了《C 语言程序设计与项目实训教程》(上、下册)和《C 语言程序设计实验实训教程》这套书。

　　《C 语言程序设计实验实训教程》针对主教材的知识点,进行了精心的组织和编排。全书分为两部分。其中第一部分为 C 语言上机指导,共有两章,其中第 1 章精选 13 个实验,覆盖了 C 语言的所有知识要点、经典算法、编程方法和技巧;第 2 章为每个上机实验内容习题参考答案。第二部分按照 C 语言知识点提供了许多经典程序及解答,供读者自学。

　　每一个实验包括实验目的、调试案例和实验内容三部分内容。其中调试案例特别讲解调试工具的使用方法和调试错误的处理方法,实验内容有助于读者巩固知识,提高编程能力和创新能力。

　　每一个经典程序都包括问题描述、程序代码两部分内容,其中程序代码给出了丰富的文字说明,有助于读者阅读程序。有些经典程序还给出了程序说明,帮助读者正确理解程序。读者通过大量阅读、调试程序,有利于提高读者的编程能力。所有实验程序和经典程序都在Windows 环境下,通过 Visual Studio 2010 调试通过。

　　本书由孟爱国、彭进香主编,其中第一部分由左利芳编写,第二部分由骆盈盈编写。全书由孟爱国统稿。

　　在本套教材的写作过程中,得到了李峰教授的热情支持与指导,在此表示衷心感谢。

　　苏文华、沈辉构思并设计了全书数字化教学资源的结构与配置,余燕、付小军编辑了数字化教学资源内容,马双武、邓之豪组织并参与了教学资源的信息化实现,苏文春、陈平提供了版式和装帧设计方案。在此表示衷心感谢。

由于作者水平有限,加之时间仓促,书中错误和不当之处在所难免,敬请读者批评指正。

编 者

2018 年 4 月 13 日

目　　录

第一部分 C语言上机指导

第1章 C语言上机实验

1.1 熟悉C语言程序开发环境

1.1.1 实验目的

1. 掌握编辑 C 语言程序的方法,熟悉开发、运行 C 语言程序的全过程。

2. 在 Microsoft Visual C++ 2010 Express(简称 VC++ 2010 学习版)的安装和编译环境下,对 C 源文件的编译和简单查错。

1.1.2 安装

为了开发 C 语言应用程序,需要安装 VC++ 2010 学习版,在微软网站 http://www.microsoft.com/或其他网站(如 http://www.pc6.com/)上可免费下载安装包,解压后,双击 vc_web.exe,按向导进行安装,然后运行软件,单击"帮助|注册产品",线上免费注册,否则,只能试用 30 天。

1.1.3 调试案例

建立第一个 C 语言程序,在屏幕上显示"You are welcome!"。

准备工作:建立自己的文件夹。

在计算机的磁盘上建立一个新文件夹,用于存放 C 语言程序,如 F:\c_exercise。

【操作步骤】

1.启动 VC++ 2010 学习版。

鼠标单击"开始|所有程序|Microsoft Visual C++ 2010 Express",进入 VC++ 2010 学习版编程环境。如图 1-1 所示。

2.新建项目。

单击"文件|新建|项目",产生新建项目对话框,如图 1-2 所示,单击"Visual C++|Win32 控制台应用程序",输入项目名称 exp1,即解决方案名称,输入保存位置 F:\c_exercise,单击【确定】,产生对话框如图 1-3 所示。

单击【下一步】,勾选"空项目",如图 1-4 所示。单击【完成】后,如图 1-5 所示。

3.添加文件。

在图 1-5 左侧"源文件"上单击鼠标右键,在出现的快捷菜单上,单击"添加|新建项",单击"Visual C++|C++文件(.cpp)",在名称框中输入文件名 error1_1.c,单击"添加"。在源程序编辑区输入程序代码。

源程序(有错误的程序 error1_1.c)

```
#include <stdio.h>
```

图 1-1　VC++ 2010 学习版编程环境

图 1-2　"新建项目"对话框

```
int main()
{
    printf("You are welcome! \n);
    return 0;
}
```

4. 生成解决方案。

单击"调试|生成解决方案",下方的输出窗口中显示出编译错误信息,如图 1-6所示。

5. 找出错误。

在信息窗口中双击第一条错误信息,编辑窗口左边出现一个箭头指向出错的位置(如图 1-6所示),一般错误在箭头的当前行或上一行,如图箭头指向第 4 行,错误为常量中有换行符,意思是此字符串在本行未结束,出错原因是")"前少了双引号。注意,程序中有红色波浪线位置可能是出错点。

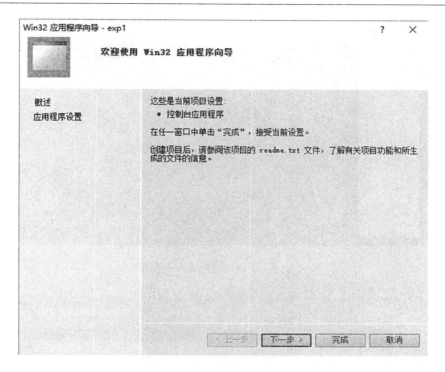

图1-3　向导对话框

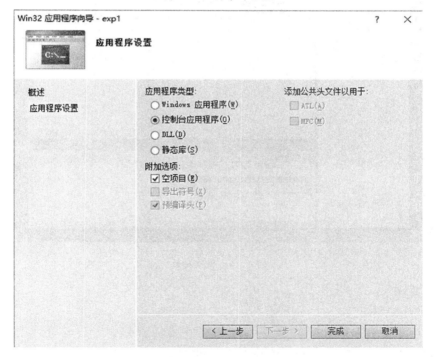

图1-4　空项目对话框

在信息窗口中双击第二条错误信息：语法错误：缺少"）"（在"return"的前面），是上一条错误引起的。

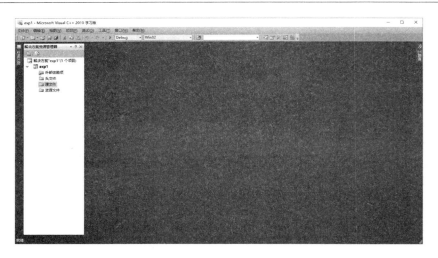

图 1-5　解决方案建成后的界面

图 1-6　错误信息

6. 改正错误。

在")"前加上双引号。

7. 重新生成解决方案。

信息窗口显示出现"━━━━ 生成：成功 1 个，失败 0 个，最新 0 个，跳过 0 个 ━━━━"，说明编译连接正确。如果显示错误信息，必须改正后重新生成。如果显示警告信息，说明程序中的错误并未影响目标文件的生成，但通常也应改正。

8. 运行。

按快捷键［Ctrl］＋［F5］，自动弹出运行窗口如图 1-7 所示，显示运行结果"You are

welcome!"。其中,"请按任意键继续…"提示用户按任意键退出运行窗口,返回到 VC++2010 学习版编辑窗口。

图 1-7　运行结果窗口

9. 关闭解决方案。

选择"文件|关闭解决方案",退出当前的项目编辑窗口,可开始下一项目。

10. 打开项目/解决方案。

如果要再次打开 C 程序文件,可以单击"文件|打开|项目/解决方案"命令,或在文件夹 F:\c_exercise\exp1 中直接双击文件 exp1.sln。

11. 查看 C 源文件、目标文件和可执行文件的存放位置。

经过编辑、编译、连接和运行后,在文件夹 F:\c_exercise\exp1\exp1 中存放有 error1_1.c 等文件,如图 1-8 所示;在文件夹 F:\c_exercise\exp1\exp1\Debug 中存放有 error1_1.obj 等文件,如图 1-9 所示;在文件夹 F:\c_exercise\exp1\Debug 中存放有 exp1.exe 等文件,如图 1-10 所示。

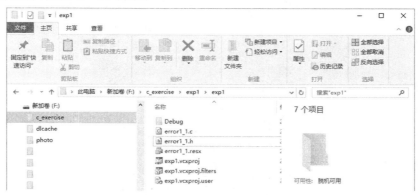

图 1-8　文件夹 F:\c_exercise\exp1\exp1

1.1.4　实验内容

1.编写程序实现在屏幕上显示以下文字。

```
The dress is long.
The shoes are big.
The trousers are black.
```

思考:如何在屏幕上显示数字、汉字等信息?

2.编写程序,打印如下图案。

```
a
aa
aaa
aaaa
```

3. 改正下列程序中的错误,在屏幕上显示商品价格表(源程序 error 1_2.c)。

　　　　商品名称　　　　　　　　　　价格

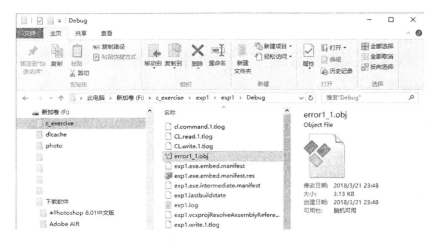

图 1-9   文件夹 F:\c_exercise\exp1\exp1\Debug

图 1-10   F:\c_exercise\exp1\Debug

TCL 电视机	￥7600
美的空调	￥2000
SunRose 键盘	￥50.5

【源程序 error1_2.c】

```
#include <stdio.h>
int mian()
{
    printf("商品名称          价格 \n);
    printf("TCL 电视机        ￥7600")
    printf("美的空调          ￥2000)
    printf("SunRose 键盘      ￥50.5)
    return 0;
}
```

4. 编程将下面的内容显示在屏幕的中间位置。

```
* * * * * * * * * * * * * * * * * * * * * * * * * * * *
        tell me why? tell me why?
        tell me why? tell me why?
        just tell me why,why,why?
* * * * * * * * * * * * * * * * * * * * * * * * * * * *
```

思考:最少用几条 printf( )语句完成编程?

1.2　数据描述

1.2.1　实验目的

1. 掌握 C 语言中各种常量的表示形式及变量的定义。
2. 掌握 C 语言中各种运算符的作用、优先级和结合性,能熟练运用各种表达式。
3. 掌握不同类型数据运算时数据类型的转换规则,了解表达式语句,尤其是赋值语句。
4. 掌握简单的语法错误的查找和改正方法。

1.2.2　调试案例

改正源程序 error2_1.c 中的错误,求两个给定整数的和。

【源程序 error2_1.c】

```
#include <stdoi.h>
int main()
{
    int a,b;
    a=5;
    b=-15;
    sum=a+b;
    printf("sum=%d\n",sum);
    return 0;
}
```

运行结果(改正后程序的运行结果)

```
sum=-10
```

【调试步骤】

1.按照 1.1 节介绍的步骤,启动 VC++ 2010 学习版,新建项目 exp2,添加源文件 error2_1.c。

2.生成解决方案。单击"调试|生成解决方案",出现一条错误信息:

　　无法打开包括文件:"stdoi.h": No such file or directory

双击该错误信息,箭头指向源程序的第 1 行,这一行中的"stdoi.h"文件不能打开,仔细检查发现"stdoi.h"应为"stdio.h",改正后重新生成,新产生两条相同的错误信息:

　　"sum":未声明的标识符

双击该错误信息,箭头指向源程序的第 7 行,错误信息的意思是"sum"变量没有被定义,仔细观察后,发现"sum"确实没有定义类型,两条错误信息由同一个错误引起。在第 4 行中将 sum 定义为 int 类型,重新生成,编译正确。

3.运行。按快捷键[Ctrl]+[F5],自动弹出运行窗口,运行结果为:

　　sum=-10

结果正确,调试完毕。

1.2.3　实验内容

1. 已知 a=150,b=20,c=45,编写程序,求 a/b,a/c(商)和 a% b,a% c(余数),输出示例为:

a/b 的商=7

a/c 的商= 3

a%b 的余数=10

a%c 的余数=15

2. 已知 a=160,b=46,c=18,d=170,编写程序,求 $\dfrac{(a+b)(c-d)}{b-c}$,输出示例为:

(a+b)/(b-c)*(c-d)=-1064.000000

3. 设变量 a 的值为 0,b 的值为 -10,编写程序实现:当 a>b 时,将 b 赋值给 c;当 a<= b 时,将 a 赋值给 c。输出示例为:

c=-10

[提示:用条件运算符。]

4. 当 n 为 24 时,编程求出 n 的个位数字、十位数字的值。输出示例为:

24 的个位数字是 4,十位数字是 2

思考:如果 n 是 3 位数或 4 位数时,怎样求它的各位数字?

5. 改正源程序 error2_2.c 中的错误。假设 i 的初始值为 1,j 的初始值为 2,求下列表达式(k)的值。

(1) i+=j   (2) i--   (3) i*j/i   (4) i%++j

输出示例为:

(1) i=3,j=2,k=3

(2) i=0,j=2,k=1

(3) i=1,j=2,k=2

(4) i=1,j=3,k=1

【源程序 error2_2.c】

```c
#include <stdio.h>
int main()
{
  i=1; j=2;
  k= (i+=j)
  printf("(1) i=%d,j=%d,k=%d\n",i,j,k);

  i=1;j=2;
  k=i-- ;
  printf("(2) i=%d,j=%d,k=%d\n",i,j,k);

  i=1; j=2;
  k=i*j/i;
  printf("(3) i=%d,j=%d,k=%d\n",i,j,k);

  i=1; j=2;
  k=i%++j;
  printf("(4) i=%d,j=%d,k=%d\n",i,j,k);
  return 0;
}
```

1.3　顺序结构程序设计

1.3.1　实验目的

1. 熟练掌握 C 语言的表达式语句、空语句和复合语句。
2. 熟练掌握函数调用语句,尤其是各种输入输出函数调用语句。
3. 熟练掌握顺序结构程序中语句的执行过程。
4. 能设计简单的顺序结构程序。
5. 掌握简单的 C 语言程序的查错方法。

1.3.2　调试案例

改正源程序 error3_1.c 中的错误。根据三角形的 3 条边计算三角形的面积,其中三角形的 3 条边 a,b,c 从键盘输入,计算三角形的面积的公式为

$$s = \sqrt{p(p-a)(p-b)(p-c)},$$

其中,$p = \dfrac{a+b+c}{2}$。

【源程序 error3_1.c】

```c
#include <stdio.h>
int main()
{
    double a,b,c,s,p;
    printf("input a,b,c:");
    scanf("%lf,%lf,%lf",a,b,c);        /* double 类型数据的输入格式字符必须用 %lf */
    p=(a+b+c)/2;
    s=sqrt(p*(p-a)*(p-b)*(p-c))
    printf("s=%f\n",s);
    return 0;
}
```

运行结果(改正后程序的运行结果)

```
input a,b,c:3.0,4.0,5.0
s=6.000000
```

说明:运行结果中有下划线的内容,表示用户从键盘输入的数据,每行按[Enter]键结束;其余内容为输出结果。本书其他实验都遵循这一规定。

【调试步骤】

1. 新建项目 exp3,添加源文件 error3_1.c。
2. 本例使用功能键[F7]生成解决方案,错误信息如图 1-11 所示。

程序第 6 行有一个 warning,是关于 scanf 函数的建议,可以忽略。

程序第 8 行有一个 warning,"sqrt"未定义;sqrt 是开平方的数学函数名,使用该函数必须在程序中包含头文件 math.h,因此,需在源程序第 1 行后插入一行:

```c
#include <math.h>
```

程序第 9 行有一个 error C2146:语法错误:缺少";"(在标识符"printf"的前面)。我

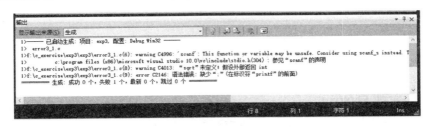

图 1-11　error3_1.c 的错误信息

们发现第 8 行末尾丢失了分号,补上分号,重新生成,发现信息输出框中有多条警告(Warning)信息。

关于第 7 行的 3 条 Warning 是:

　　warning C4700:使用了未初始化的局部变量"c"

　　warning C4700:使用了未初始化的局部变量"b"

　　warning C4700:使用了未初始化的局部变量"a"

意思是变量 a,b,c 没有初始化。双击警告信息,仔细查看,发现 scanf 函数的输入项不是地址,而是变量名,在 a,b,c 前分别加上"&"。按[F7]重新生成,成功生成 F:\c_exercise\exp3\Debug\exp3.exe。

3. 按[Ctrl]+[F5],自动弹出运行窗口,从键盘输入 a,b,c 的数据,得出运行结果。注意:因为 scanf 函数的格式控制符之间用逗号分隔,数据之间必须用逗号分隔。数据必须在英文状态下输入。

1.3.3　实验内容

1. 键盘输入与屏幕输出练习。

源程序

```
#include <stdio.h>
int main()
{
    char a,b;
    int c;
    scanf("%c%c%d",&a,&b,&c);
    printf("%c,%c,%d\n",a,b,c);
    return 0;
}
```

(1)要使上面程序的输出语句在屏幕上显示 1,2,34,则从键盘输入的数据格式应为以下备选答案中的_____。

　　A　1 2 34　　　　　　B　1,2,34　　　　　　C　'1','2',34　　　　　D　12 34

(2)在与上面程序的键盘输入相同的情况下,要使上面程序的输出语句在屏幕上显示 1 2 34,则应修改程序中的哪条语句? 怎样修改?

(3)要使上面程序的键盘输入数据格式为 1,2,34,输出语句在屏幕上显示的结果也为 1,2,34,则应修改程序中的哪条语句? 怎样修改?

(4)要使上面程序的键盘输入数据格式为 1,2,34,而输出语句在屏幕上显示的结果为 '1', '2',34,则应修改程序中的哪条语句? 怎样修改?

[提示:利用转义字符输出单引号字符。]

（5）要使上面程序的键盘输入无论用下面哪种格式输入数据,程序在屏幕上的输出结果都为 '1'，'2',34,则应修改程序中的哪条语句? 怎样修改?

第 1 种输入方式:1,2,34↵（以逗号作为分隔符）

第 2 种输入方式:1␣2␣34↵（以空格作为分隔符）

第 3 种输入方式:1　　2　　34↵（以 Tab 键作为分隔符）

第 4 种输入方式:1↵

　　　　　　　2↵

　　　　　　34↵（以回车符作为分隔符）

2. 从键盘输入两个八进制数,计算两数之和并分别用十进制和十六进制数形式输出。输入输出示例为:

```
Enter a and b:20 30
d:40
x:28
```

3. 从键盘输入两个实数 a 和 x,按公式:$y=a^5+\sin(ax)+\ln(a+x)+e^{ax}$,计算并输出 y 的值。输入输出示例为:

```
Enter a,x:1.0,0.0
y=2.000000
```

4. 改正源程序 error3_2.c 中的错误。从键盘输入 3 个整数 a,b,c,计算这 3 个整数的和 s,并以"s=a+b+c"和"a+b+c=s"的形式输出 a,b,c 和 s 的值。请不要删除源程序中的注释。输入输出示例为:

```
3 4 5
12=3+ 4+ 5
3+ 4+ 5=12
```

【源程序 error3_2.c】

```c
#include <stdio.h>
int main()
{
    int a,b,c,s;
    scanf("%d%d%d",&a,&b,c);
    s=a+b+c;
    printf("%d=%d+%d+%d\n",a,b,c);       /* 输出 s=a+b+c */
    printf("%d+%d+%d=%d\n",s);           /* 输出 a+b+c=s */
    return 0;
}
```

5. （选做）已知 a＝2.5,b＝9.4,c＝4.3,编程求 $ax^2+bx+c=0$ 的解 x_1 和 x_2。输入输出示例为:

```
x1=- 0.533003, x2=- 3.226996
```

[提示:可用求根公式 $x_{1,2}=\dfrac{-b\pm\sqrt{b^2-4ac}}{2a}$。]

6. （选做）从键盘输入 3 个变量的值,其中 a＝10,b＝20,c＝30,然后将 3 个变量交换,使得 a＝20,b＝30,c＝10。输入输出示例为:

```
10 20 30
a=20 b=30 c=10
```

1.4　选择结构程序设计

1.4.1　实验目的

1. 理解 C 语言表示逻辑量的方法（0 代表"假"，非 0 代表"真"）。
2. 学会正确使用逻辑运算符和逻辑表达式、关系运算符和关系表达式。
3. 学会运用逻辑表达式和关系表达式等表达条件。
4. 熟练掌握 if 语句和 switch 语句及其执行过程。
5. 掌握简单的单步调试方法。

1.4.2　调试案例

改正源程序 error4_1.c 中的错误，计算并输出分段函数

$$y=f(x)=\begin{cases} \dfrac{1}{x+2}, & -5\leqslant x<0 \text{ 且 } x\neq-2, \\ x^2-x-1, & \text{其他} \end{cases}$$

的值（保留 1 位小数）。其中 x 由键盘输入。

【源程序 error4_1.c】

```c
#include <stdio.h>
main()
{
  double x,y;
  printf("Input x:");
  scanf("%f",&x);
  if(-5<=x && x<0 && x!=-2)
    y=1/(x+2);
  else
    y=x*x-x-1
  printf("x=%.2f,y=%.1f\n",x,y);
}
```

运行结果 1（改正后程序的运行结果）

```
Input x:-4.0
x=-4.00, y=-0.5
```

运行结果 2

```
Input x:-2.0
x=-2.00, y=5.0
```

运行结果 3

```
Input x:3
x=3.00, y=5.0
```

【调试步骤】

1. 新建项目 exp4，添加源文件 error4_1.c，按［F7］生成解决方案。

第 11 行有：

error C2146：语法错误：缺少";"（在标识符"printf"的前面）。

双击该错误信息,箭头指向 printf 函数所在行,错误信息指出在其前缺少分号,在"y＝x＊x－x－1"后补上分号。重新生成,成功。

2.按[Ctrl]＋[F5],运行窗口显示"Input x:",从键盘输入"－4.0",运行窗口显示的运行结果与示例给出的结果不同。下面进行单步调试,查找错误。

3.单步调试开始,单击菜单的"调试|逐过程"或者点击调试工具条,如图 1－12 所示的。

图 1－12　调试工具条

每次执行一行语句,如图 1－13 所示,编辑窗口中的箭头指向某一行,表示程序将执行该行,图 1－14 列出了变量窗口和观察窗口,在变量窗口可以观察变量值。

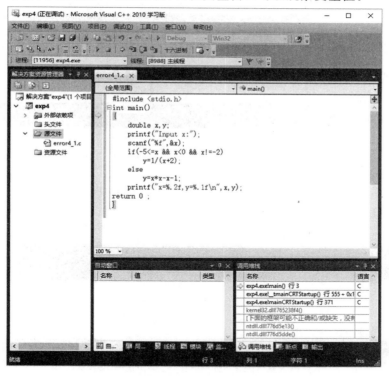

图 1－13　单步调试开始

4.单击(F10)按钮 3 次,程序运行到输入语句行,如图 1－14 所示,同时运行窗口(如图 1－15 所示)显示"Input x:"(此时将要执行输入语句),继续单击(F10)按钮,在运行窗口输入"－4.0"(如图 1－16 所示),按回车键后,箭头指向"if(－5＜＝x＜0 ＆＆ x!＝－2)"这一行,如图 1－17 所示,在变量窗口看到 x 的值为－9.2559628993105946e＋061,与输入数据不符,说明输入语句有错。仔细检查发现,x 为 double 类型,scanf 函数的格式控制字符应为 %lf,而不是 %f,将其改正,单击菜单"调试|停止调试([Shift]＋[F5])",停

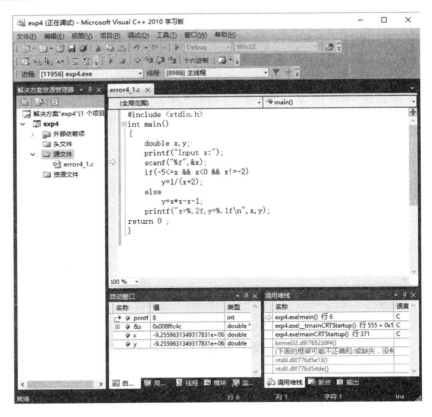

图1-14　程序单步调试

止调试。

　　5. 按[F7]重新生成解决方案,运行、调试,直到运行结果正确。

　　6. 单击"调试|停止调试([Shift]+[F5])",程序调试结束。

图1-15　运行窗口

图1-16　在运行窗口输入变量x的值-4.0

1.4.3　实验内容

1. 输入整数 x 和 a,计算并输出分段函数

$$f(x)=\begin{cases}\dfrac{1}{2a}\ln\left|\dfrac{a+x}{a-x}\right|, & |x|\neq a,\\ 0, & |x|=a\end{cases}$$

的值(保留2位小数),调用 log 函数求自然对数,调用 fabs 函数求绝对值。输入输出示例为:

　　第1次运行

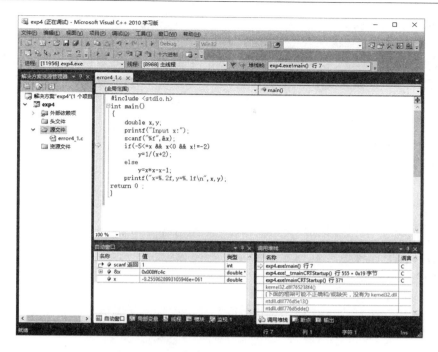

图 1-17　程序单步调试,显示变量 x 的值

```
Enter a and x:5 6
a=5,f(6)=0.24
```

第 2 次运行

```
Enter a and x:5 5
a=5,f(5)=0.00
```

2. 从键盘输入一个整数,若大于等于 0,输出提示信息"is positive",否则输出"is negative"。输入输出示例为:

第 1 次运行

```
Input a:5
5 is positive
```

第 2 次运行

```
Input a:0
0 is positive
```

第 3 次运行

```
Input a:-3
-3 is negative
```

3. 输入 a,b,c 3 个整数,输出最大数。输入输出示例为:

第 1 次运行

```
Enter a,b,c:1,5,9
the max number is:9
```

第 2 次运行

```
Enter a,b,c:9,5,1
the max number is:9
```

第 3 次运行

```
Enter a,b,c:1,9,5
the max number is:9
```

4. 改正源程序 error4_2.c 中的错误,输入一个数 n(不一定是整数),判定 n 是小于 0,等于 0,还是大于 0。输入输出示例为:

第 1 次运行

```
Enter n:10
10 is greater than 0
```

第 2 次运行

```
Enter n:-5
-5 is less than 0
```

第 3 次运行

```
Enter n:0
0 is equal to 0
```

【源程序 error4_2.c】

```
#include <stdio.h>
main()
{
  double n;
  printf("Enter n:");
  scanf("%f",&n);
  if(n<0)
    printf("n is less than 0\n");
  else if(n=0)
    printf("n is equal to 0\n");
  else
    printf("n is greater than 0\n");
}
```

模仿调试案例,单步调试程序,观察变量值的变化。

5. (选做)一个工人的月工资按如下方法计算:在正常工作时间内每小时为 20 元,如果超出正常工作时间,则在超过的时间内每小时 30 元。其中,每月正常工作时间为 160 小时。编制一个程序,计算并输出这个工人的工资。月工作时间从键盘输入,输入输出示例为:

第 1 次运行

```
input t:150
p=3000
```

第 2 次运行

```
input t:200
p=4400
```

第 3 次运行

```
input t:160
p=3200
```

6. (选做)编写一个程序,要求用户输入一个两位的整数后显示这个数的英文单词,输入输出示例为:

第 1 次运行

```
Enter a two-digit number:35
You entered the number thirty-five
```

第 2 次运行

```
Enter a two-digit number:12
You entered the number twelve
```

［提示：把数分解为两个数字。用一个 switch 语句显示第 1 位数字对应的单词（"twenty"，"thirty"等），用第 2 个 switch 语句显示第 2 位数字对应的单词。不要忘记 11～19的数有特殊处理要求。］

1.5　循环结构程序设计

1.5.1　实验目的

1. 熟悉掌握 C 语言的 while 语句、do-while 语句和 for 语句。
2. 掌握在程序设计中使用循环实现各种算法的方法。
3. 理解循环结构程序中语句的执行过程。
4. 掌握运行到光标位置的调试方法。

1.5.2　调试案例

改正源程序 error5_1.c 中的错误，计算并输出 n! 的值，其中 n 由用户从键盘输入。

【源程序 error5_1.c】

```
#include <stdio.h>
main()
{
    int i,n,t;
    printf("Enter n:");
    scanf("%d",&n);
    for(i=1,i<=n,i++)
        t=t*i;
    printf("t=%d",t);
}
```

运行结果（改正后程序的运行结果）

```
Enter n:5
t=120
```

【调试步骤】

1. 新建项目 exp5，添加源文件 error5_1.c，按［F7］生成解决方案，出现两条一样的错误信息：

语法错误：缺少";"（在")"的前面）。

双击该错误信息，箭头指向"for"这一行，信息的意思是在 for 语句的括号内应该是两个";"，而不是","。改正后，重新生成解决方案，成功。

按［Ctrl］＋［F5］运行，弹出如图 1-18 所示对话框显示"Debug Error"。为了找出错误原因，开始单步调试程序。注意：必须在成功生成解决方案的情况下，才能开始调试程序。

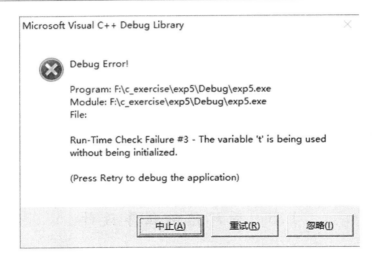

图 1－18　Debug Error 对话框

2. 开始调试程序,按[F10]四次,出现输入窗口,在其中输入"5",再按一次[F10],程序运行到第 8 行,如图 1－19 所示。

3. 在变量窗口中,第一次循环时 i 的值为 1,n 的值为 5,正确;而 t 的值为－858993460,不正确。仔细分析程序,发现 t 没有赋初值。单击菜单中"调试|停止调试"或按[Shift]＋[F5],停止调试。

4. 改正错误,在 for 语句前增加一条语句"t＝1;",重新生成解决方案,然后再进行步骤 2 中的操作,如图 1－20 所示,变量窗口中显示 t 的值为 1,正确。

5. 继续按[F10],观察变量窗口中变量值的变化,直到箭头指向程序最后一条语句,显示 t 的值是 120,正确。如图 1－21 所示。

6. 单击菜单中"调试|停止调试"或按[Shift]＋[F5],结束程序调试。

1.5.3　实验内容

1. 编写程序,求 $1＋2＋3＋\cdots＋100$ 和 $1^2＋2^2＋3^2＋\cdots＋100^2$。输入输出示例为:

```
sum1=5050   sum2=338350
```

2. 一个数如果恰好等于它的因子之和,这个数就称为"完数",编写程序,找出 2～5000 中的所有完数。输入输出示例为:

```
6   28   496
```

3. 编写程序,计算 $\sin x$ 的近似值,精确到 10^{-6},其中 x 为弧度,由用户从键盘输入,

$$\sin x＝x－\frac{x^3}{3!}＋\frac{x^5}{5!}－\frac{x^7}{7!}＋\cdots。$$

输入输出示例为:

第 1 次运行

　　请输入一个 x 值(弧度值):0

　　sin(0.00)＝0.000000

第 2 次运行

　　请输入一个 x 值(弧度值):1.57

　　sin(1.57)＝1.000000

4. 改正源程序 error5_2.c 中的错误。程序源于:

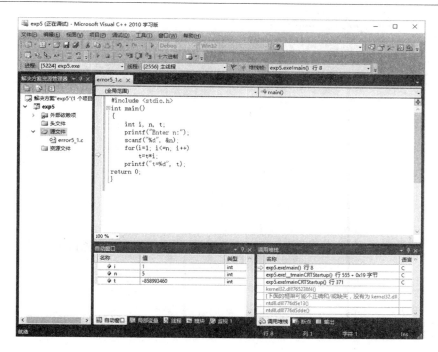

图 1-19　程序运行到第 8 行

图 1-20　改正后程序运行到第 8 行,观察变量 t 的值

韩信点兵。韩信有一队兵,他想知道有多少人,便让士兵排队报数。按从 1~5 报数,最末一个士兵报的数为 1;按从 1~6 报数,最末一个士兵报的数为 5;按从 1~7 报数,最末一个士兵报的数为 4;最后按从 1~11 报数,最末一个士兵报的数为 10;你知道韩信有多少士兵吗?

输入输出示例为:

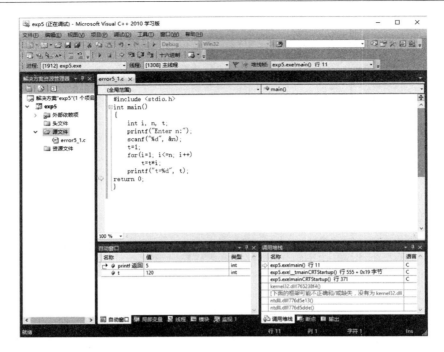

图 1-21   程序运行到最后位置,再次观察变量 t 的值

n=2111

【源程序 error5_2. c】

```c
#include <stdio.h>
main()
{
  int find=0;
  while(!find)
  {
    if(n%5==1 && n%6==5 && n%7==4 && n%11==10)
    {
      printf("n=%d\n",n);
      find=1;
    }
  }
}
```

5. (选做)编写程序,计算并输出能写成两个数平方之和的所有 3 位数的个数。输出示例为:

num=274

6. (选做)编写程序,用户从键盘输入任意整数给 n(n 不得大于 10)后,输出 n 行由大写字母 A 开始构成的三角形字符阵列图形。输入输出示例为:

```
Enter n:5
A B C D E
F G H I
J K L
```

M N

O

1.6　函数和编译预处理

1.6.1　实验目的

1. 掌握函数的定义和调用。
2. 掌握使用函数编写程序。
3. 掌握函数的实参、形参和返回值的概念及使用。
4. 掌握单步调试进入函数和跳出函数的方法。
5. 掌握全局变量、局部变量、动态变量、静态变量的概念和使用方法。

1.6.2　调试案例

改正源程序 error6_1.c 中的错误，根据 $\sin x = x - \dfrac{x^3}{3!} + \dfrac{x^5}{5!} - \dfrac{x^7}{7!} + \cdots$，求 $\sin x$ 的近似值，直到最后一项的绝对值小于 10^{-7}，x 从键盘输入，如求 $\sin 0.5236$。

【源程序 error6_1.c】

```c
#include <stdio.h>
double multi(double x,int n);
double fact(int n);
main()
{
  int i,flag=1;
  double sum=0,item=1,eps=1e-7,x;
  printf("input x: ");
  scanf("%lf",&x);
  for(i=1;item>=eps;i++)
  {
    item=multi(x,2*i-1)/fact(2*i-1);
    sum+=item*flag;
    flag=-flag;
  }          /* 调试时设置断点 */
  printf("SIN(%lf)=%lf\n",x,sum);
  return 0;
}
double multi(double x,int n)
{
  int i;
  double y;
  for(i=1;i<=n;i++)
    y*=x;
  return y;    /* 调试时设置断点 */
}
```

```
double fact(int n)
{
  int i;
  double y=1;
  for(i=0;i<=n;i++)
    y*=i;
  return y;      /* 调试时设置断点 */
}
```

运行结果:

输入:input x: 0.5236

输出:SIN(0.523600)=-1.#IND00

【调试步骤】

1.新建项目 exp5,添加源文件 error6_1.c,单击菜单"调试|启动调试(F5)",
没有出现错误信息。在输入窗口输入:input x:0.5236√

出现错误警告窗口如图 1-22 所示,显示"The variable 'y' is being used without being initialized."意思是变量 y 没有初始化。单击【中断】按钮,源程序中有一个黄色箭头指向出错的语句,如图 1-23 所示。观察此条出错的语句,发现变量 y 没有初始化,在下面的错误信息窗口显示 y 的值为-9.2559631349317831e+061,显然不正确。

图 1-22 错误警告窗口

2.单击 ■ 按钮(调试|停止调试或按[Shift]+[F5]),停止调试,改正错误,把"double y;"改为"double y=1;"后,按 ▶ 重新调试,没有错误和警告。输入 x 的值,不出现运行结果。问题在哪?

3.为了找到出错原因,在源程序中设置 3 个断点(在要插入断点的语句上右击,在弹出的快捷菜单中选"断点|插入断点"),具体位置见源程序的注释。

4.单击 ▶ (或按[F5]),程序运行到函数 multi 的断点处,变量窗口显示 y 的值为 0.52359999999999995,正确。

5.再次单击 ▶ (或按[F5]),程序运行到函数 fact 的断点处,变量窗口显示 y 的值为 0(如图 1-24 所示),y 的值应该是 1,仔细分析,发现循环从 0 开始到 n,而 0 乘任何数均为 0。

6.单击 ■ 按钮(按"调试|停止调试"或按[Shift]+[F5]),停止调试,改正错误,把"for (i=0;i<=n;i++)"改为"for(i=1;i<=n;i++)"后,重新调试,没有错误和警告。

7.单击 ▶ (或按[F5]),程序运行到函数 fact 的断点处,变量窗口显示 y 的值为 1,

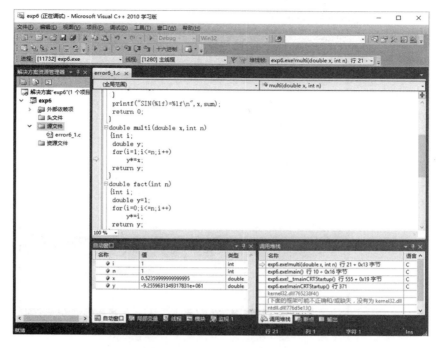

图 1-23 观察源程序中出错的位置和变量的值

图 1-24 函数 fact 的断点处

正确。

8. 再次单击 ▶（或按[F5]），程序运行到主函数的断点处（如图 1-25 所示），变量窗口显示符号变量 flag 为 -1，把鼠标指向变量 sum，看到 sum 的值是 0.52359999999995，正确。

9. 再次单击 ▶（或按[F5]），程序运行到函数 multi 的断点处，变量窗口显示 y 的值为

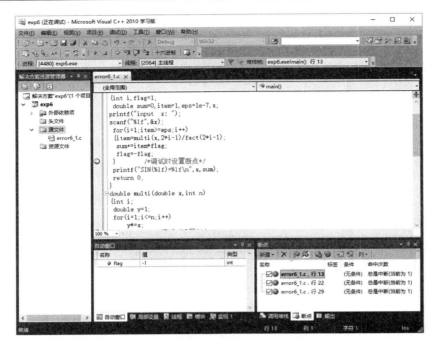

图 1-25   程序运行到主函数的断点位置

0.14354858425599995,正确。再次单击 ▶（或按［F5］），程序运行到函数 fact 的断点处，变量窗口显示 y 的值为 6.0000000000000000,正确。

10.在断点所在行右击，在弹出的快捷菜单中选"断点|禁用断点",禁用所有断点，在main 函数的"return 0"行设置一个断点。

11.单击 ▶（或按［F5］），程序运行到断点处暂停（如图 1-26 所示），输出SIN(0.52359999999999995)=0.50000106038288328,运行结果正确。

12.单击 ◼ 按钮(Stop Debugging 或按［Shift］＋［F5］),程序调试结束。

1.6.3   实验内容

1.写出两个函数，分别求两个整数的最大公约数和最小公倍数，用主函数调用这两个函数，并输出结果，两个整数由键盘输入。输入输出示例为：

输入   n1=24 n2=16

输出   zdgys=8 zxgbs=48

2.一个素数，依次从低位去掉 1 位，2 位……若所得的各数仍都是素数，则称为超级素数。在［100,9999］之内，求:(1)超级素数的个数;(2)所有超级素数之和;(3)最大的超级素数。输入输出示例为：

  num=30, sum=75548, max=7393

3.用递归方法求 n 阶勒让德多项式的值，递归公式为：

$$P_n(x)=\begin{cases}1, & n=0,\\ x, & n=1,\\ \dfrac{(2n-1)xP_{n-1}(x)-(n-1)P_{n-2}(x)}{n}, & n>1。\end{cases}$$

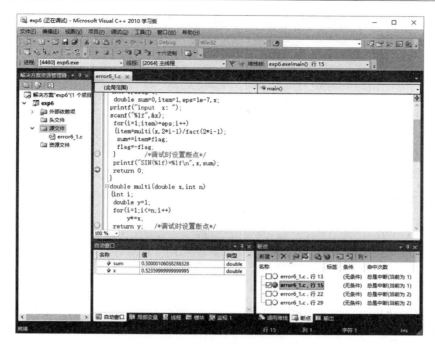

图 1-26　程序调试结果

输入输出示例为：

第 1 次运行：

　　请输入 n 和 x 的值：<u>0,7</u>

　　$P_0(7)=1.00$

第 2 次运行：

　　请输入 n 和 x 的值：<u>1,2</u>

　　$P_1(2)=2.00$

第 3 次运行：

　　请输入 n 和 x 的值：<u>3,4</u>

　　$P_3(4)=154.00$

4. 改正源程序 error6_2.c 中的错误。编程求 π 的值，直到某一项小于 10^{-6}，

$$\frac{\pi}{2}=1+\frac{1!}{3}+\frac{2!}{3\times 5}+\frac{3!}{3\times 5\times 7}+\frac{4!}{3\times 5\times 7\times 9}+\cdots+\frac{n!}{3\times 5\times\cdots\times(2n-1)}。$$

输出示例为：

　　PI=3.14159　　（改正后程序运行结果）

【源程序 error6_2.c】

```c
#include <stdio.h>
int fact(int n);
int multi(int n);
main()
{
    int i;
```

```
    double sum,item,eps;
    eps=1E-6;
    sum=1;
    item=1;
    for(i=1;item>=eps;i++)
    {
      item=fact(i)/multi(2*i+1);
      sum=sum+item;
    }
    printf("PI=%0.5lf\n",sum*2);
    return 0;
}
int fact(int n)
{
    int i;
    int res=1;
    for(i=0;i<=n;i++)
      res=res*i;
    return res;
}
int multi(int n)
{
    int i;
    int res=1;
    for(i=3;i<=n;i=i+2)
      res=res*i;
    return res;
}
```

5. 满足下列条件的自然数称为超级素数:该数本身、所有数字之和、所有数字之积以及所有数字的平方和都是素数。例如,113 就是一个超级素数。在[100,999]之内,求:(1)超级素数的个数;(2)所有超级素数之和;(3)最大的超级素数。输入输出示例为:

```
num=3    sum=555    max=311
```

6. (选做)求方程 $ax^2+bx+c=0$ 的根,用 3 个函数分别求当 b^2-4ac 大于 0、等于 0 和小于 0 时的根,并输出结果。从主函数输入 a,b,c 的值。输入输出示例为:

```
Input a,b,c: 1,2,1
x1=x2=-1.00
```

1.7　数　　　组

1.7.1　实验目的

1. 掌握一维数组的定义、赋值和输入输出的方法。

2. 掌握字符数组的使用。

3. 掌握与数组有关的算法(例如排序算法)。

1.7.2 调试案例

在键盘上输入 N 个整数,试编制程序使该数组中的数按照从大到小的次序排列。

分析:C语言中数组长度必须是确定大小,即指定 N 的值。排序的方法有多种,我们采用冒泡排序。冒泡排序从第 1 个数开始依次对相邻两数进行比较,如次序正确,则不做任何操作,如次序不正确,则使这两个数交换位置。第 1 遍的(N-1)次比较后,最小的数已放在最后,第 2 遍只需考虑(N-1)个数,以此类推直到第(N-1)遍比较后就可以完成排序。

【源程序 error7_1.c】

```c
#define N 5  // 定义符号常量 N
#include <stdio.h>   //包含的头文件
int main()
{
  int N,i,j,temp;
  printf("输入数组元素的个数:");
  scanf("%d",&N);
  int a[N];
  printf("请输入数组 %d个元素 \n",N);
  for(i=0;i<N;i--)   //通过循环语句输入 N 个整数
    scanf("%d",&a[j]);   //误将数组元素下标 i 写成 j
  for(i=0;i<N-1;i++)  //通过二重循环完成升序冒泡排序
    for(j=0;j<N-1-i;j++)
    {
      if(a[j]>a[j+1])   //相邻元素进行比较,若前者小于后者,则交换之。
      {
        temp=a[j];
        a[j]=a[j+1];
        a[j+1]=temp;
      }
    }
  printf("输出排序后的数组元素:\n");
  for(i=0;i<N;i++)
    printf("%5d",a[i]);
  return 0;
}
```

【调试步骤】

新建项目 exp7,添加源文件 error7_1.c,单击 ▶ 调试,生成错误,如图 1-27 所示。

在源程序的第 5 行,有 4 个 error,1 个 warning,第 1 个错误信息:语法错误:缺少";"(在"常量"的前面)。双击该错误信息,定位到主函数的第 5 行,有一个预定义符号常量 N 与该行的变量 N 同名,这不符合 C 语言语法规则。这个错误有两种解决方案,一是将符号常量或变量名改名,二是给符号常量加上注释,这里采用第二种方案。重新调试,如图 1-28 所示。

图 1-27　符号常量与变量名同名错误

图 1-28　变量声明的位置错误

　　定位到编译输出窗口的第 1 条错误信息:语法错误:缺少";"(在"类型"的前面)。双击该条错误信息,定位到主函数第 8 行,C 语言规定,变量的声明部分必须放在程序可执行部分的前面,数组 a 的声明放在可执行语句"printf("输入数组元素的个数:");scanf("%d",&N);"的后面,不符合语法规则,必须将数组的声明移到这两条语句的前面,这时发现数组的长度为 N 不合逻辑,重新调试,如图 1-29 所示。

图 1-29　数组的长度错误

数组的长度要求是整型常数或字符常数,我们观察图 1-29 中的输出窗口,3 个错误都出现在程序的第 6 行,双击第一个错误"应输入常量表达式",指向语句"int a[N];",根据数组的定义要求,数组的长度要求是常量,而这里 N 是变量,即 N 不符合要求。

从前面的错误提示分析,符号常量不能与变量名同名,变量的声明部分必须放在可执行语句的前面,数组的长度必须是整型常量。

一般将数组的长度定义为常量或符号常量,有利于程序的通用性和修改的便利性。将数组长度定义为符号常量"N",删除有关"N"的输入语句,如图 1-30 所示。重新调试,出现警告信息,如图 1-31 所示,即变量 j 没有初始化就使用了。单击【中断】按钮,看到黄色箭头指向"scanf("%d",&a[j]);",发现数组元素的下标应该是变量 i,而不是变量 j。修改后重新调试,没有错误,成功生成解决方案,按[Ctrl]+[F5]运行后,输入 5 个数据,没有出现"请按任意键继续…",如图 1-32 所示,程序进入了死循环。

成功生成解决方案,没有错误信息,而运行结果不正确,或出现死循环等情况,需要启动调试工具"调试|逐过程"或按[F10],开始单步调试。在自动窗口观察局部变量 i 的变化,从 0 开始变成负整数,说明数组下标向左越界了,如图 1-33 所示。

观察数组输入的循环语句,for 语句中第 3 个表达式"i－－"应改成"i++",停止调试后按[F7]重新生成解决方案,按[Ctrl]+[F5]运行程序,输出结果是升序排列,而不是案例要求的降序排列。

为了找出原因,如图 1-34 所示,在源程序如下 4 条语句前设置断点:

```
for(i=0;i<n;i++)                //通过循环语句输入 N 个整数
for(i=0;i<n-1;i++)              //通过二重循环完成升序冒泡排序
printf("输出排序后的数组元素:\n");
printf("\n");
```

图 1-30 数组下标引起的错误

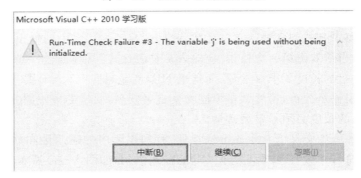

图 1-31 数组下标引起的警告

图 1-32 程序进入死循环

断点设置方法:将光标移到要设置断点行首,按[F9],出现红色圆点,表示断点设置成功。取消断点的方法,将光标移到断点处,按[F9]。

断点设置完成后,点击 ▶ 或按[F5],程序执行到第 1 个断点,观察变量的值,如果没有发现错误,继续点击 ▶ 或按[F5],直到找到发生错误的程序段,进行分析,找出错误原因或语句。

从第 1 个断点到第 2 个断点,输入数组元素,没有出错;从第 2 个断点到第 3 个断点,冒

图 1-33　数组下标越界引起的错误

泡法排序,排序结果与要求相反,可以断定是排序算法中数据交换条件错误产生的,将"if(a[j]>a[j+1])"改为"if(a[j]<a[j+1])";执行第 3 个断点到第 4 个断点之间的代码,输出排序后的数组,正常。最后测试程序,结果符合要求。

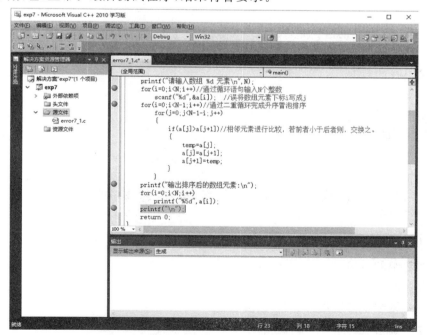

图 1-34　设置断点调试程序

1.7.3　实验内容

1. 已有一个已排好序的数组,今输入一个数,要求按原来排序的规律将它插入数组中。

2. 设计一个程序,从键盘输入指定个数的数据,按选择排序方法,将其按从小到大的顺序排列。输入输出示例为:

输入　　32 45 7 21 12

输出　　7 12 21 32 45

[提示:选择排序,首先找出值最小的数,然后把这个数与第 1 个数交换,这样值最小的数就放到了第 1 个位置;然后,再从剩下的数中找值最小的,把它和第 2 个数互换,使得第 2 小的数放在第 2 个位置上。以此类推,直到所有的值从小到大的顺序排列为止。]

3. 青年歌手参加歌曲大奖赛,有 10 个评委对她进行打分,试编程求这位选手的平均得分(去掉一个最高分和一个最低分)。输入输出示例为:

输入　　8.5 9 9.8 6.5 8.7 8.5 9.3 9.6 8.9 8.2

输出　　8.8

4. 有一个 3×4 的矩阵,要求输出其中值最大的元素的值以及它的行号和列号。

输入/输出实例:

输入:123,94,−10,218,3,9,10,−83,45,16,44,−99

输出:218 0 3

5. 输入一串字符,计算其中字符、数字和空格的个数。输入输出示例为:输入

sd234kj64jk mjk

输出　　字符:9 数字:5 空格:1

6. 有 10 个数按由小到大顺序存放在一个数组中,输入一个数,要求用折半查找法找出该数是数组中第几个元素的值。如果该数不在数组中,则打印出"无此数"。输入输出示例为:

输入　　−12 −8 12 24 45 46 56 58 68 78

输入要查找的数据　　58

输出　　58 的下标为 7

输入要查找的数据　　21

输出　　无此数

1.8　数组和函数综合程序设计

1.8.1　实验目的

1. 掌握数组的应用。
2. 掌握数组作为函数的参数的应用。
3. 掌握二维数组的应用。

1.8.2　调试案例

调试源程序 error8_1.c,将给定的二维数组(4×4)转置,即行列互换。

【源程序 error8_1.c】

```
/* 矩阵的转置 */
```

```c
#include <stdio.h>
#define N 4
int array[N][N];
void print()
{
  int i,j;
  for(i=0;i<N;i++)
  {
    for(j=0;j<N;j++)
    printf("%5d",array[i][j]);
    printf("\n");
  }
}
void convert(int array[4][4])
{ //将矩阵的行变成相应的列
  int i,j,t;
  for(i=0;i<N;i++)
  {
    for(j=0;j<N;j++)
    { //将 a[i][j]与 a[j][i]交换
      t=array[i][j];
      array[i][j]=array[j][i];
      array[j][i]=t;
    }
    //printf("第%d行转置为第%d列\n",i+1,i+1);   //测试语句,正式程序加注释就可以了
    //print();      //测试语句,显示每一次行列交换的结果
  }
}
int main()
{
  int i,j;
  printf("输入数组元素:\n");
  for(i=0;i<N;i++)
    for(j=0;j<N;j++)
      scanf("%d",&array[i][j]);
  printf("\n数组是:\n");
  print();
  convert(array);
  printf("转置数组是:\n");
  print();
  return 0;
}
```

【调试步骤】

1. 启动 VC++ 2010 学习版,新建项目 exp8,添加源文件 error8_1.c,按[F7]生成解决方案,成功,按[Ctrl]+[F5]运行,没有发现错误,运行程序,发现矩阵没有被转置。从数据分析,数据的输入和输出正常,可能是转置函数的算法出现了问题。在转置函数中加入调试

代码：

(1)printf("第%d行转置为第%d列\n",i+1,i+1);//测试语句,正式程序加注释就可以了。

(2)print();//测试语句,显示每一次行列交换的结果。同时在程序中设置两个断点,如图1-35所示。

图1-35　测试语句与断点设置

2.单击▶或按[F5]开始调试,程序运行到第一个断点,即箭头指向的语句,运行的结果如图1-35右侧调试结果所示。

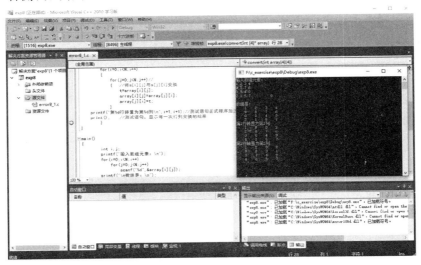

图1-36　测试convert函数

3.点击"调试|逐语句"或按[F11],进行单步调试,程序运行到函数"convert"内部,如图1-36所示。

4.点击▶或按[F5],程序运行到第2个断点,运行结果如图1-36右侧调试结果所示,矩阵的第1行和第1列进行交换,结果符合预期。

5.再次点击▶或按[F5],测试矩阵第 2 行和第 2 列的交换,运行结果如图 1 - 36 右侧调试结果所示,矩阵的第 2 行和第 2 列进行交换,结果与预期不符。发现第一次已经交换的元素 array[0][1],array[1][0]又进行一次交换,回到了原来的位置。

6.再次点击▶或按[F5],测试矩阵第 3 行和第 3 列的交换,运行结果如图 1 - 37 所示,矩阵的第 3 行和第 3 列进行交换,结果与预期不符。发现第 2 次已经交换的元素 array[0][2]与 array[2][0],array[2][1]与 array[1][2]又进行一次交换,回到了原来的位置。

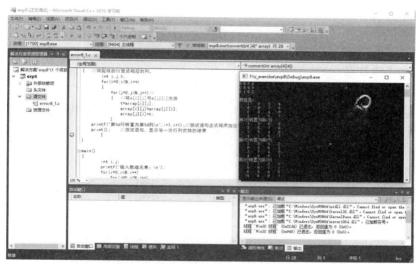

图 1 - 37　测试第 3 行与第 3 列的交换

7.找到了错误的原因,有两种处理方法:一是终止调试,回到编辑状态修改程序,直接点击工具栏按钮的■停止调试;二是退出函数,继续调试 convert 函数之后的语句,点击"调试|跳出"或按[Shift]+[F11]。

8.从以上测试结果分析,运行结果错误的原因是转换函数 convert 的算法中数据交换重复产生。解决的办法就是控制内循环,不产生数据的重复交换,主对角线上元素不需要交换,第 1 行与第 1 列交换,就是将第 1 行第 2,3,4 个元素与第 1 列相对应的第 2,3,4 个元素交换,同样第 2 行与第 2 列交换,就是将第 2 行第 3,4 个元素与第 2 列相对应的第 3,4 个元素交换,以此类推。将内循环修改为:

```
for(j=i+1;j<N;j++)
```

9.执行"调试|生成解决方案",成功,再按[Ctrl]+[F5]运行,最终结果符合预期。

1.8.3　实验内容

1.编写程序,计算出两个矩阵 A、B 的和与差(设计一个函数同时计算两个矩阵的和与差)。输入示例为:

```
矩阵 A:{{7,-5,3,3},{2,8,-6,4},{1,-4,-2,5}}
矩阵 B:{{3,6,9,4},{2,-8,3,6},{5,-2,-7,9}}
```

输出示例为:

```
A+B:{{10,1,12,7},{4,0,-3,10},{6,-6,-9,14}}
A-B:{{4,-11,-6,-1},{0,16,-9,-2},{-4,-2,5,-4}}
```

2.设计一个函数在若干个数据中查找指定数据。输入输出示例为:

（1）输入若干个数据：12　54　32　65　76　23　43

输入要查找的数据：56

输出示例：数据 56 没有找到

（2）输入要查找的数据：65

输出示例：数据 65 已找到。

3. 设计一个选择排序函数，实现对数据的排序，然后设计一个函数实现对顺序数据的快速查找。输入输出示例为：输入数据：23 54 65 12 87 43 25 21

输出排序后的数据：12 21 23 25 43 54 65 87

输入要查找的数据：43

输出：数据 43 已找到

输入要查找的数据：98

输出：数据 98 没有找到

4. 有一篇文章，共有 3 行文字，每行有 80 个字符。编写程序，分别统计出其中英文大写字母、小写字母、数字、空格以及其他字符的个数。

5. 编程打印以下图案：

```
    *
   * *
  * * *
 * * * *
* * * * *
```

有程序如下，调试并修改。

```c
int main()
{
  char a[5]={'*','*','*','*','*'};
  int i,j,k;
  char space=' ';
  for(i=0;i<5;i++)              /* 输出 5 行 */
  {
    printf("\n");              /* 输出每行前先换行 */
    printf(" ");               /* 每行前面留 5 个空格 */
    for(j=1;j<=i;j++)
      printf("%c",space);      /* 每行再留 1 个空格 */
    for(k=0;k<5;k++)
      printf("%c",a[k]);       /* 每行输入 5 个'*'号 */
  }
  return 0;
}
```

6. 求矩阵上三角形元素之和。调试下列程序，并修改。

```c
#define N 6
int main()
{
  int i,j,sum=0;
  int a[N][N]={0};
  printf("input 5×5 data:\n");
```

```
for(i=1;i<N;i++)
{
  printf("Input the %d line data:\n",i);
  for(j=1;j<N;j++)
    scanf("%d",&a[i][j]);
}
for(i=1;i<N;i++)
{
  for(j=1;j<N;j++)
    printf("%5d",a[i][j]);
  printf("\n");
}
for(i=1;i<N;i++)
  for(j=1;j<=i;j++)
    sum=sum+a[i][j];
printf("sum=%d\n",sum);
return 0;
}
```

1.9　指　　针

1.9.1　实验目的

1. 理解指针的概念,掌握指针的使用方法。
2. 掌握指针的应用。

1.9.2　调试案例

改正源程序 error9_1.c,使用指针交换两个数据。要求:从键盘输入两个整数,并设计一个函数,使用指针作参数,交换两个整数。

【源程序 error9_1.c】

```
#include <stdio.h>
void Swap(int *x,int *y);
int main()
{
  int a,b;
  printf("Please enter a,b:");
  scanf("%d,%d",&a,&b);                 /* 输入 a 和 b 的值 */
  printf("Before swap: a=%d,b=%d\n",a,b);   /* 打印交换前的 a,b */
  Swap(a,b);                             /* 调用函数 Swap 实现 a 值与 b 值的交换 */
  printf("After swap: a=%d,b=%d\n",a,b);    /* 打印交换后的 a,b */
  return 0;
}
/* 函数功能: 交换两个整型数的值 */
void Swap(int *x,int *y);
```

```
    {
        int temp;
        temp=* x;
        * x=* y;
        * y=temp;
    }
```

【调试步骤】

1.启动 VC++ 2010 学习版,新建项目 exp9,添加源程序 exp9_1.c,按[F7]生成解决方案,在第 9 行产生 4 个警告:

(1)…\error9_1.c(9):warning C4047:"函数":"int *"与"int"的间接级别不同

(2)…\error9_1.c(9):warning C4024:"Swap":形参和实参 1 的类型不同

(3)…\error9_1.c(9):warning C4047:"函数":"int *"与"int"的间接级别不同

(4)…\error9_1.c(9):warning C4024:"Swap":形参和实参 2 的类型不同

将鼠标移到输出窗口,双击第 1 条错误信息,光标指到产生的错误行,如图 1-38 所示。因为函数 Swap(int *,int *)的形参是指针类型,对应的实参也应是指针类型,于是将语句"Swap(a,b);"修改为"Swap(&a,&b);",按[F7]重新生成解决方案,成功。

图 1-38 参数传递错误

2.按[Ctrl]+[F5]运行程序,如图 1-39 所示:变量 a 的输入数值是正确的,而 b 的输入数值是错误的,切换到源程序窗口,找到产生错误的语句"scanf("%d,%d",&a,&b);"

在输入控制语句中发现两个输入数据控制之间用","作为分隔符,而前面运行程序时,输入数据与用空格作为分隔符。重新运行程序,输入"3,5",输出正确。

3.将程序中的整型变量 a,b 改为 float 类型。即把"int a,b;"改为"float a,b;",按[F7]生成解决方案,结果如图 1-40 所示,编译产生的错误信息:

"函数":从"float *"到"int *"的类型不兼容

是实参与形参的类型不一致所致。在函数的参数传递过程中要求,实参与形参在类型、个数和顺序上保持一致。

将语句"float a,b;"改为"int a,b;",编译正确。

图 1-39　数据的分隔符由输入格式决定

图 1-40　将实型指针传递给整型指针的形参

1.9.3　实验内容

1. 编写一函数 int lenstr(char ＊str)，测量从主函数中输入的字符串的长度。

2. 编写一函数 void verstring(char ＊str)，将从键盘上输入的任意字符串逆序输出。

3. 阅读程序并运行，每次输入 8 个数，观察运行结果，写出程序的功能。

```c
#include <stdio.h>
int main()
{
  int a[100],t1,t2,max,min,*p,*q,i,n;
  printf("\nPlease input n ge shu:   ");
  scanf("%d",&n);
```

```
  for(i=0;i<n;i++)
    scanf("%d",&a[i]);
  printf("\n");
  max=min=a[0];
  for(i=0;i<n;i++)
  {
    if(a[i]>max)
    {
      max=a[i]; p=&a[i];
    }    /* 用指针标记最大值的下标 */
    if(a[i]<min)
    {
      min=a[i]; q=&a[i];
    }     /* 用指针标记最小值的下标 */
  }
  if( min==a[0] && max==a[n-1])
  { t1=a[0]; a[0]=a[n-1]; a[n-1]=t1; }
  else if(max==a[0] && (min!=a[n-1]))
  { t2=a[n-1]; a[n-1]=min; *q=t2; }
  else if( min==a[n-1] && max!=a[0])
  { t1=a[0]; a[0]=max; *p=t1; }
  else if( max!=a[0] && min!=a[n-1])
  { t1=a[0]; a[0]=max; *p=t1;
    t2=a[n-1]; a[n-1]=min; *q=t2; }
  printf("\n");
  for(i=0;i<n;i++)
    printf("%d  ",a[i]);
  printf("\n");
  return 0;
}
```

4. 调试下列程序,并说明程序的功能。

```
#include <stdio.h>
int lenstr(char *str)
{
  char *p=str;
  while(*str!='\0')
    str++;
  return(str-p);
}
void main()
{
  char ss[80];
  int len;
  gets(ss);
```

```
      len=lenstr(ss);
      printf("len=%d\n",len);
   }
```

5. 写一函数,用"起泡法"对输入的 10 个字符按由小到大顺序排序。

6. 定义一个函数,功能是计算 n 个学生的成绩中,高于平均成绩的人数,并作为函数值。用主函数来调用它,统计 50 个学生成绩中,高于平均成绩的有多少人?

1.10　指针、函数和数组综合程序设计

1.10.1　实验目的

1. 理解数组与指针的关系,掌握数组或指针作为函数的参数。

2. 理解函数的返回值是指针。

1.10.2　调试案例

【源程序 error10_1.c】

```c
/* (1)将输入的数据按插入排序的方法排序;
   (2)显示每一步的排序结果。      */
#include <stdio.h>
#include <stdlib.h>
#define N 5                     /* 插入元素前数组元素个数 */
void Insert(int *p,int n,int x);  /* 函数声明 */
main()
{
  int a[N],i,j;      /* 数组 a */
  printf("Please enter array a:\n");
  for(i=0;i<N;i++)
    {
      scanf("%d",&a[i]); /* 输入插入前已排好序的数组元素 */
    }
  printf("Sorting.......:\n");
  for(i=0;i<N;i++)
  {
    printf("After insert %d:\n",a[i]);
    Insert(a[N],i,a[i]);  /* 调用函数 Insert 将元素 a[i]插入到已排序数组中 */
    for(j=0;j<N;j++)
    {
      printf("%-4d",a[j]);  /* 输出插入 x 后的数组元素 */
    }
    printf("\n");
    system("pause\n");  //程序暂停语句
  }
}
```

```
/* 函数功能:将 x 插入到一个已排好序(由小到大)的数组中,使其插入后数组元素仍按由小到大
   的顺序排列。
   函数参数:整型指针 a,指向一组已排好序(由小到大)的整型数据;
           整型变量 n,已排序的数组元素个数;
           整型变量 x,存放待插入数组元素。
   函数返回值:无      */
void Insert(int *p,int n,int x)  /* 函数 Insert 定义 */
{
    int i,pos;
    for(i=0;(i<n) && (x>*(p+i));i++)
      ;                          /* 查找定位 */
    pos=i;                       /* 找到元素 x 该插入的数组下标位置 pos */
    for(i=n;i>=pos;i--)          /* 从尾部开始移动插入位置 pos 及其后的所有元素 */
    {
      *(p+i+1)=*(p+i);           /* 向后移动 */
    }
    p[pos]=x;                    /* 插入元素 x 到位置 pos */
}
```

【调试步骤】

1. 程序分析,从模块化程序设计的思路,将插入算法设计成一个函数,将数组中元素逐步插入到已排序的数组中。在主程序中,调用插入算法将一个数组元素插入到数组中后,输出数组元素,显示数据插入后的状态,这也是程序调试的一种方法。

2. 启动 VC++ 2010 学习版,建新项目 exp10,添加源程序 error10_1.c,按[F7]生成解决方案,产生两个警告错误,如图 1-41 所示,双击输出窗口中的第一个警告错误信息,指示函数调用语句"Insert(a[N],i,a[i]);"有错误,在该调用语句中,a[N]表示一个数组元素,而且是一个越界的数组元素,比较函数的实参与形参,发现第一个实参应该是一个数组名或指针,因为函数调用过程中,函数的实参与形参的类型、个数、顺序应保持一致,所以将上述语句改为:"Insert(a,i,a[i]);"再重新生成解决方案,没有错误信息。运行程序,结果如图 1-42 所示。

3. 从图 1-42 看出,程序并没有对数组元素进行有效排序,数组中的所有元素都变成了数组中的第一个元素,而且程序运行结束时,出现了一个实时调试器窗口如图 1-42 右下方所示,告知"exp10.exe"产生的异常,这一般是由数组越界或指针错误引起。

4. 在图 1-42 所示程序中,数据的输入部分是正确的,数据的输出部分也是正确的,那么结果不正确的原因可能是由 Inseart 函数的算法错误引起的。

5. 在 main 函数的"Insert(a,i,a[i]);"和"system("pause\n");"前分别设置断点,单击或按[F5]调试程序,程序运行到断点处,按[F5],执行到下一个断点"system("pause\n");",如图 1-43 所示。然后连续按[F5],进行调试,在两个断点之间执行程序,前两轮循环的执行结果如图 1-43 所示。

根据插入排序算法,将数组分成两部分,初始状态,第一部分:a[0],第二部分:a[1],a[2],…,a[N-1],依次将 a[1],a[2],…,a[N-1]插入到第一部分中,形成有序数组。将main 函数中"printf("Sorting.......:\n");"语句之后"for(i=0;i<N;i++)"改为"for(i=1;i<N;i++)"。

图 1-41　编译错误信息

图 1-42　程序运行结果

从图 1-43 分析,将数组元素 a[0](值为 9)插入第一部分中(此时第一部分没有元素),从输出结果看出,a[0]覆盖了 a[1],即 a[1]的值为了 9,原来的 a[1]值 3 不见了,同样将 a[1]插入第一部分中,即 a[0],将元素 a[1]移到了 a[2]的位置,覆盖了原来的 a[2],a[2]的值为 9,如图 1-43 所示,由此得出,数组元素移动出现了问题。分析插入排序算法函数中数据移动代码,待插入元素是 a[i],如果移动元素,则从 a[i-1]开始依次后移,将"for (i =n; i>=pos; i--)"改为"for (i =n-1; i>=pos; i--)",再运行程序,结果正确。

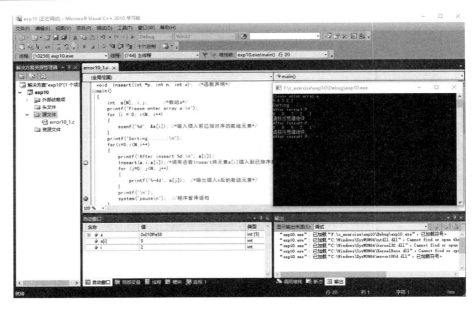

图 1-43　调试信息窗口

1.10.3　实验内容

1. 编写一个对 n 个数据从大到小排序的函数,再编写一个计算最后得分的函数,计算方法是:去除一个最高分,去除一个最低分,其余各数的平均值为参赛选手的最后得分,并在主函数中调用它们计算有 n 个评委评分、m 个选手参赛的最后得分,从大到小排序输出。

2. 编写一个计算 n! 的函数,用主函数调用它。使之输出如下的 7 阶杨辉三角形。

```
1
1 1
1 2 1
1 3 3 1
1 4 6 4 1
1 5 10 10 5 1
1 6 15 20 15 6 1
1 7 21 35 35 21 7 1
```

【提示】杨辉三角形是二项展开式 $(a+b)^n$ 的系数,共有 n+1 项,$n=0,1,\cdots$。杨辉三角形在数学上具有重要的意义,在高中阶段已学过,系数是按照公式 $a_m = C_n^m$ 计算,其中 a_m 是展开式中的第 m 项系数。

3. 编写一个程序,包括主函数和如下子函数。

(1) 输入 10 个无序的整数;

(2) 用起泡法从大到小排序;

(3) 要求输入一个整数,用折半查找法找出该数,若存在,在主函数中输出其所处的位置,否则,插入适当位置。

分析:input 函数完成 10 个整数的录入。sort 函数完成起泡法排序,search 函数完成输入数的查找。

1.11　结构体和共用体

1.11.1　实验目的

1. 掌握结构体类型以及结构体变量的定义和引用。
2. 掌握指向结构体变量的指针变量的应用,特别是链表的应用。
3. 掌握运算符".""和"->"的应用。
4. 掌握共用体的概念、定义格式、引用形式和应用。

1.11.2　调试案例

建立一个同学通讯录,程序定义了一个结构 txl,它有两个成员 name 和 phone 用来表示姓名和电话号码。同学人数由宏定义给出,这里为 2 个。在主函数中定义 stu 为具有 txl 类型的结构体数组。在 for 语句中,用 gets 函数分别输入各个元素中两个成员的值。然后又在 for 语句中用 printf 语句输出各元素中两个成员值。

【源程序 error11_1.c】

```c
#include "stdio.h"
#define NUM 2
struct txl
{
  char name[20];
  char phone[10];
};
main()
{
  struct txl stu[NUM];
  int i;
  for(i=0;i<NUM;i++)
  {
    printf("input name:\n");
    gets(stu[i].name);
    printf("input phone:\n");
    gets(stu[i].phone);
  }
  printf("name\t\t\tphone\n\n");/* 调试时设置断点 */
  for(i=0;i<NUM;i++)
    printf("%s\t\t\t%s\n",stu[i].name,stu[i].phone);
}
```

运行结果(改正后程序的运行结果)

输入:

aa

123456

bb

654321

输出：

name	phone
aa	123456
bb	654321

【调试步骤】

1.启动 VC++ 2010 学习版,新建项目 exp11,添加源程序 error11_1.c,按[F7]生成解决方案,成功。如果有语法错误,进行修改直到通过。

2.成功生成解决方案后,可在适当位置设置断点,来检查程序运行状况,本例在完成数据输入后的位置设置了一个断点(按[F9])来检查数据输入是否正常。

3.按[F5]键,输入数据,程序运行到断点处,在监视窗口名称框中输入 stu,观察 stu 数组中各个元素的值是否和输入数据一致(如图 1-44 所示)。

4.再按[F5]键,继续运行程序结束。

图 1-44　观察 stu 数组各元素的输入值

1.11.3　实验内容

1. 建立一个学生信息结构体数组,包括学号 num,姓名 name[10],年龄 age,性别 sex。要求通过函数 input 输入 4 个数据记录,并且在 main 函数中输出这 4 个学生的信息。输入输出示例为：

输入:
01	aa	18	M
02	bb	19	F
03	cc	19	M
04	dd	17	F

输出:
num	name	age	sex
01	aa	18	M
02	bb	19	F
03	cc	19	M
04	dd	17	F

2. 编程统计题 1 中男生、女生的人数以及年龄小于 18 岁的学生人数。输入输出示例为：

```
boy     girl    age<18
2       2       1
```

3. 利用共用体类型的特点分别取出 short 整型变量的高字节和低字节中的数。共用体成员定义为：

short int a,char b[2]

输入输出示例为：

```
16961
b[0]  b[1]
65    66
```

4. 定义一个结构体数组 stu 并且初始化，main 函数中输出数组元素各成员的值。输入输出示例为：

```
No.        Name        sex     age
10101      Li Lin      M       18
10102      Zhang Fun   M       19
10104      wang Min    F       20
```

【源程序 error11_2.c】

```c
#include <string.h>
struct student
{
  int num;
  char name[20];
  char sex;
  int age;
};
struct student stu[3]={ {10101,"Li Lin",'M',18},
                        {10102,"Zhang Fun",'M',19},
                        {10104,"Wang Min",'F',20} };
main()
{
  struct student*   p;
  printf("   No.       name  sex  age\n");
  for(p=stu;p<3;p++)
    printf("%5d%-20s%2c%4d\n",*p.num,*p.name,p.sex,p.age);
}
```

5. (选做)写一个函数,建立一个有 3 名学生数据的单向动态链表。

[提示:设 3 个指针变量:head,p1,p2,它们都是用来指向 struct student 类型数据的。先用 malloc 函数开辟第一个结点,并使 p1,p2 指向它。按链表建立方法完成编程。]

6. (选做)编写程序,输出题 5 中建立的链表节点信息的函数 print。

[提示:函数的参数为链表的头节点指针,从头节点开始依次输出,每输出一个节点信息,指针向后移动一个节点,直到指针为 NULL。]

1.12 文 件

1.12.1 实验目的

1. 掌握文件和文件指针的概念以及文件的定义方法。
2. 掌握文件打开和关闭的概念和方法。
3. 掌握有关文件的函数。

1.12.2 调试案例

从键盘输入 4 个学生的有关数据,然后把它们转存到磁盘文件 student 上去。

【源程序 error12_1.c】

```c
#include <stdio.h>
#define SIZE 4
struct student
{
  char name[10];
  char num[5];
  int age;
  char addr[15];
} stu[SIZE];
void save()
{
  FILE *fp;
  int i;
  if((fp=fopen("student","wb"))==NULL)
  {
    printf("cannot open file\n");
    return;
  }
  for(i=0;i<SIZE;i++)
  if(fwrite(&stu[i],sizeof(struct student),1,fp)!=1)
  printf("file write error\n");
  fclose(fp);          /* 设置断点,观察变量 i 的值的变化 */
}
main()
{
  int i;
  for(i=0;i<SIZE;i++)
  scanf("%s%s%d%s",stu[i].name,&stu[i].num,&stu[i].age,stu[i].addr);
  save();              /* 设置断点,观察键盘输入数据是否正常 */
}
```

运行结果(改正后程序的运行结果):

输入数据为:

```
aa   01   18   qs1
bb   02   17   qs2
cc   03   18   qs1
dd   04   19   qs2
```

输出结果为:无

【调试步骤】

1.启动 VC++ 2010 学习版,添加源程序 error12_1.c,按[F7]生成解决方案,如果有语法错误进行修改直到生成成功。

2.没有错误后,可在适当位置设置断点,来检查程序运行状况,本例在完成数据输入后的位置设置了一个断点来检查数据输入是否正常。

3.按[F5]键,输入数据,程序运行到断点 1 处,在监视窗口名称框中输入 stu,观察 stu 数组中各个元素的值是否和输入数据一致(如图 1-45 所示)。

图 1-45　观察 stu 数组各元素的输入值

4.再按[F5]键,程序运行到断点 2 处,在监视窗口名称框中输入 i,观察变量 i 的值的变化,判断写操作的循环是否正常执行(如图 1-46 所示)。

5.再按[F5]键,继续运行程序直到结束。

6.按[Ctrl]+[F5]运行后,在 F:\c_exercise\exp12\exp12 中有 student 的文件,运行结果写入了此文件。

1.12.3　实验内容

1.编写函数 output 输出调试案例中保存到 student 文件中的 4 个学生记录。输入输出示例为:

输入:无

输出:aa　01　18　qs1

　　　bb　02　17　qs2

图 1-46　观察 save 函数中 i 的值的变化

```
cc    03    18    qs1
dd    04    19    qs2
```

[提示:使用 fopen 函数打开 student 文件,打开方式为"rb",使用 fread 函数将文件中的数据读入内存,然后输出至屏幕。]

2. 编程将题 1 的 student 文件的数据复制到另一个文件 copy 中去,并输出 copy 文件的内容。输入输出示例为:

```
输出:aa    01    18    qs1
     bb    02    17    qs2
     cc    03    18    qs1
     dd    04    19    qs2
```

3. 利用 fseek 函数将 student 文件中的第 3 条记录输出到屏幕。输入输出示例为:

```
输出:cc    03    18    qs1
```

[提示:打开文件,用 fseek 函数定位到第 3 条记录,然后读入内存,最后输出到屏幕。]

4. 改正源程序 error12_2.c,从键盘上输入一个字符串,存储到一个磁盘文件中,并显示输出。输入输出示例为:

```
输入:Hello,everyone!
输出:Hello,everyone!
```

【源程序 error12_2.c】

```c
#include <stdio.h>
#include <string.h>
#include <stdlib.h>
main()
{
    FILE *fp;
    char string[81];
```

```
if((fp=fopen("d:\\sy12.txt","w"))!=NULL)          /* 打开文件失败 有错 */
{
    printf("can not open this file\n");
    exit(0);
}

/* 从键盘上输入字符串,并存储到指定文件中 */
printf("Input a string: "); gets(string);          /* 从键盘上输入字符串 */
fgets(string,fp);                                   /* 存储到指定文件,有错 */
fclose(fp);
/* 重新打开文件,读出其中的字符串,并输出到屏幕上 */
if((fp=fopen("d:\\sy12.txt","r"))==NULL)            /* 打开文件失败 */
{
    printf("can not open this file\n");
    exit(0);
}
fread(string,strlen(string)+1,fp);                  /* 从文件中读出一个字符串 有错 */
printf("Output the string: "); puts(string);        /* 将字符串输出到屏幕上 */
fclose(fp);
}
```

5.（选做）从键盘输入一个字符串,将其中的小写字母全部转换成大写字母,然后输入到一个磁盘文件 test 中保存。输入的字符串以"!"结束。

6.（选做）有两个磁盘文件 A 和 B,各存放一行字母,要求把这两个文件中的信息合并（按字母顺序排列）,输出到一个新文件 C 中。

〔提示:以只读方式打开 A 文件、B 文件,读出文件中的字符依次存入数组中,对数组里的字符排序,写入以只写方式打开的 C 文件中。〕

1.13　综合程序设计

1.13.1　实验目的

1.掌握数据类型（整型、实型、字符型、指针、数组、结构体等）。
2.掌握运算类型（算术运算、逻辑运算、自增自减运算、赋值运算等）。
3.掌握程序结构（顺序结构、判断选择结构、循环结构）。
4.掌握大程序的功能分解方法（即函数的使用）。
5.巩固语法规则,学会编制结构清晰、风格良好、数据结构适当的程序。

1.13.2　实验内容

1.利用 C 语言,研制和开发一个"同学通讯录"系统,该系统要求具有以下功能:

（1）采用链表的形式,录入同学通讯录各成员信息,信息内容由姓名、邮箱、电话等内容构成,将记录集的内容保存到数据文件中,当程序运行时能将数据文件的内容读取到有关结构中;

（2）在原有记录的基础上添加新的通讯录成员信息;

（3）根据用户意愿，删除已有的通讯录成员信息；

（4）根据用户输入信息，查询记录并显示结果；

（5）根据用户输入信息，修改通讯录指定成员的有关信息；

（6）显示全部记录信息。

【提示】

（1）系统流程图如图1-47所示。

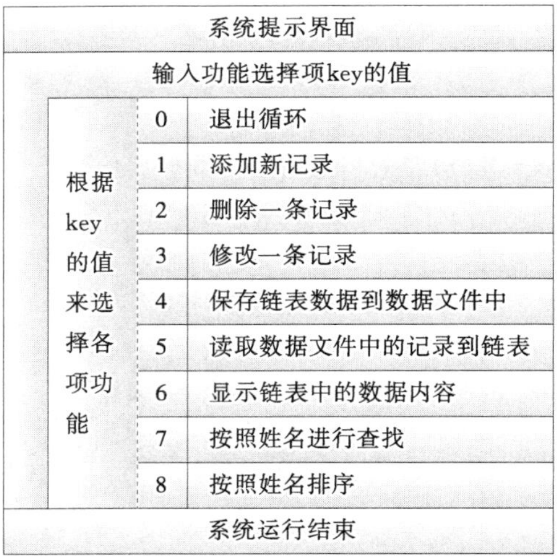

系统提示界面		
输入功能选择项key的值		
根据key的值来选择各项功能	0	退出循环
	1	添加新记录
	2	删除一条记录
	3	修改一条记录
	4	保存链表数据到数据文件中
	5	读取数据文件中的记录到链表
	6	显示链表中的数据内容
	7	按照姓名进行查找
	8	按照姓名排序
系统运行结束		

图1-47　系统流程

（2）存储结构设计。

根据题意，对通讯录的内容进行存储和操作时，可考虑采用如下结构体定义：

```
struct address
{
    char name[20];
    char mail[20];
    char tel[20];
    struct address *next;
}
```

（3）函数设计。

根据题意，可考虑设计如下函数：

①struct address *addnew(char *name,char *email,char *phone)。

功能：向链表中添加一条记录；

参数：name表示姓名，email表示邮箱，phone表示电话号码；

返回值：返回指向链表头结点的指针。

②struct address *delrec(char *name)。

功能：按姓名方式删除一条记录；

参数：name表示要删除记录的姓名；

返回值：指向链表头结点的指针。

③struct address *modifyrec(char *name,char *email,char *phone)。

功能：按姓名方式更改链表指定的邮箱和电话号码；

参数:name 表示姓名,email 表示邮箱,phone 表示电话号码;

返回值:指向链表头结点的指针。

④void printrec(struct address *p)。

功能:顺序显示链表中各记录的内容;

参数:p 是指向链表头结点的指针;

返回值:无。

⑤void saverec(struct address *head,char *filename)。

功能:将链表中各记录的内容读入到指定文件中;

参数:head 是指向链表头结点的指针,filename 表示要输出到的文件名;

返回值:无。

⑥struct address *readrec(char *filename)。

功能:将指定文件的内容读入到链表中;

参数:filename 表示要读取记录内容的文件名;

返回值:指向链表头结点的指针。

⑦void sortbyname(struct address *head)。

功能:按姓名方式对链表中各结点进行排序;

参数:head 是指向链表头结点的指针;

返回值:无。

⑧void exchangenode(struct address *p,struct address *p1)。

功能:交换两个结点的内容;

参数:p,p1 分别是指向要交换结点的指针;

返回值:无。

⑨void querybyname(struct address *h,char *qname)。

功能:按姓名方式对链表中各结点进行查找,找到后输出结点的内容;

参数:h 是指向链表头结点的指针,qname 表示要查找的姓名;

返回值:无。

(4) 部分参考源程序。

```
/* 向链表中添加新记录内容 */
struct address *addnew(struct address *head,char *name,char *email,char *phone)
{
    struct address p0,p1;
    p0= (struct address*)malloc(sizeof(struct address));
    strcpy(p0->name,name);
    strcpy(p0->email,email);
    strcpy(p0->phone,phone);
    if(head==NULL) head=p0;
    else
    {
        p1=head;
        while(p1->next!=NULL)
            p1=p1->next;
```

```
      p1->next=p0;
    }
    p1->next=NULL;
    return(head);
  }
  /* 将链表中的数据内容保存到文件中 */
  void saverec(struct address * head,char * filename)
  {
    struct address *p=head;
    FILE *fp;
    if((fp=fopen(filename,"wb"))==NULL)
    {
      printf("cannot open file\n");
      return;
    }
    if(p!=NULL)
      do
      {
        if(fwrite(p,sizeof(struct address),1,fp)!=1)
        {
          printf("file write error\n");
          fclose(fp);
          break;
        }
        p=p->next;
      } while(p!=NULL);
    fclose(fp);
  }
```

（5）输入输出示例。

程序运行时输出如下提示菜单：

```
Welcome to use this program!
Add New Record,press 1
Delete One Record,press 2
Modify Record,press 3
Save Record,press 4
Read Record,press 5
Display Record,press 6
Query Record,press 7
Sort Record,press 8
Exit,press 0
```

输入 1 后，系统出现提示，在提示后输入如下内容：

```
Please Input User Name:wenjian
Please Input User E-Mail:wen71@163.com
Please Input User Phone:073182617848
```

系统返回提示菜单,若输入 6,系统出现如图 1-48 所示的结果。

图 1-48　输出结果

2. 设计一个万年历(用文本模式显示指定某年某月的日历),要求初始运行时显示当年当月的日历,然后根据用户输入的年、月数值自动输出对应的日历,当用户输入的年、月数值为 0 时退出程序。

【提示】

(1) 系统流程图如图 1-49 所示。

算法分析:首先挑选一个参考日期(例如 1980 年 1 月 1 日,星期二),计算目标日期与参考日期之间的总天数,计算的过程中要考虑闰年(366 天)和平年(365 天)的区别;然后用总天数除以 7 取余数并将该余数与 2 相加,然后再除以 7 取余数就可得到目标日期是星期几,最后用循环的方法输出该月的日历内容。

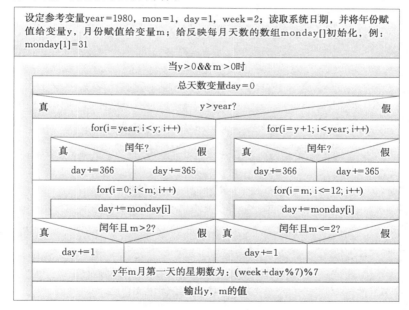

图 1-49　程序流程图

(2) 函数设计。

① int isleapyear(int year)

功能:用于判断某年是否为闰年;

参数:year 表示要判断的年份数值;

返回值:当判断为闰年时值为 1,否则为 0。

② void showcalender(int y,int m)

功能:用于在文本模式下输出指定年月的日历;

参数:y 表示要输出日历的年份,m 表示要输出日历的月份;

返回值:无。

③ void getdate(struct date *datep)

功能:用于获取计算机系统当前日期;

参数:datep 是 date 结构体类型,用于存储得到的日期内容;

返回值:无。

(3)输入输出示例如图 1-50 所示。

2015-3 日历

Sun	Mon	Tue	Wed	Thu	Fri	Sat
1	2	3	4	5	6	7
8	9	10	11	12	13	14
15	16	17	18	19	20	21
22	23	24	25	26	27	28
29	30	31				

图 1-50　万年历输出结果

第 2 章　上机实验内容参考答案

2.1　熟悉 C 语言程序开发环境

1. 源程序如下：

```c
#include <stdio.h>
main()
{
    printf("The dress is long.\nThe shoes are big.\nThe trousers are black.\n");
    return 0;
}
```

2. 源程序如下：

```c
#include <stdio.h>
main()
{
    printf("a\naa\naaa\naaaa\n");
    return 0;
}
```

3. 正确的程序为：

```c
#include <stdio.h>
main()
{
    printf("商品名称          价格\n");
    printf("TCL 电视机        ￥7600\n");
    printf("美的空调          ￥2000\n");
    printf("SunRose 键盘      ￥50.5\n");
    return 0;
}
```

4. 源程序如下：

```c
#include <stdio.h>
main()
{
    printf("\n\n\n\n\n");
    printf("          ********************************\n");
    printf("              tell me why? tell me why?\n");
    printf("              tell me why? tell me why?\n");
    printf("              just tell me why,why,why?\n");
    printf("          ********************************\n");
    return 0;
```

```
    }
```

2.2 数 据 描 述

1. 源程序如下：
```
#include <stdio.h>
main()
{
    int a,b,c,x,y;
    a=150;
    b=20;
    c=45;
    x=a/b;
    y=a/c;
    printf("a/b 的商=%d\n",x);
    printf("a/c 的商=%d\n",y);
    x=a%b;
    y=a%c;
    printf("a%b 的余数=%d\n",x);
    printf("a%c 的余数=%d\n",y);
    return 0;
}
```

2. 源程序如下：
```
#include <stdio.h>
main()
{
    int a,b,c,d;
    float x;
    a=160;
    b=46;
    c=18;
    d=170;
    x=(a+b)/(b-c)*(c-d);
    printf("(a+b)/(b-c)*(c-d)=%f\n",x);
    return 0;
}
```

3. 源程序如下：
```
#include <stdio.h>
main()
{
    int a,b,c;
    a=0;
    b=-10;
```

```
        c=(a>b)?b:a;
        printf("c=%d\n",c);
        return 0;
    }
```

4. 源程序如下：

```
    #include <stdio.h>
    main()
    {
        int n;
        printf("请输入一个两位的整数:");
        scanf("%d",&n);
        printf("%d的个位数为%d,十位数为%d\n",n,n%10,n/10);
        return 0;
    }
```

5. 正确的程序如下：

```
    #include <stdio.h>
    main()
    {
        int i,j,k;
        i=1; j=2;
        k=(i+=j);
        printf("(1) i=%d,j=%d,k=%d\n",i,j,k);
        i=1; j=2;
        k=i--;
        printf("(2) i=%d,j=%d,k=%d\n",i,j,k);
        i=1; j=2;
        k=i*j/i;
        printf("(3) i=%d,j=%d,k=%d\n",i,j,k);
        i=1; j=2;
        k=i%++j;
        printf("(4) i=%d,j=%d,k=%d\n",i,j,k);
        return 0;
    }
```

2.3 顺序结构程序设计

1.（1） D

（2） 将打印语句修改为:printf("%c %c %d\n",a,b,c);

（3） 将输入语句修改为:scanf("%c,%c,%d",&a,&b,&c);
      将打印语句修改为:printf("%c,%c,%d\n",a,b,c);

（4） 将输入语句修改为:scanf("%c,%c,%d",&a,&b,&c);
      将打印语句修改为:printf("\'%c\',\'%c\',%d\n",a,b,c);

（5）　将输入语句修改为：scanf("%c%*c%c%*c%d",&a,&b,&c);

　　　　将打印语句修改为：printf("\'%c\',\'%c\',%d\n",a,b,c);

2. 源程序如下：

```
#include <stdio.h>
main()
{
  int a,b,c;
  printf("Enter a and b:");
  scanf("%o%o",&a,&b);
  c=a+b;
  printf("d:%d\nx:%x\n",c,c);
  return 0;
}
```

3. 源程序如下：

```
#include <stdio.h>
#include <math.h>
main()
{
  float a,x,y;
  printf("Enter a,x: ");
  scanf("%f,%f",&a,&x);
  y=pow(a,5.0)+sin(a*x)+log(a+x)+exp(a*x);
  printf("y=%f\n",y);
  return 0;
}
```

4. 正确的程序为：

```
#include <stdio.h>
main()
{
  int a,b,c,s;
  scanf("%d%d%d",&a,&b,&c);
  s=a+b+c;
  printf("%d=%d+%d+%d\n",s,a,b,c);        /* 输出 s=a+b+c */
  printf("%d+%d+%d=%d\n",a,b,c,s);        /* 输出 a+b+c=s */
  return 0;
}
```

5. 源程序如下：

```
#include <stdio.h>
#include <math.h>
main()
{
  float a,b,c,x1,x2,data;
  a=2.5;
```

```
        b=9.4;
        c=4.3;
        data=sqrt(b*b-4*a*c);
        x1=(-b+data)/(2*a);
        x2=(-b-data)/(2*a);
        printf("x1=%f,x2=%f\n",x1,x2);
        return 0;
    }
```

6. 源程序如下：

```
    #include <stdio.h>
    main()
    {
        int a,b,c,t;
        scanf("%d%d%d",&a,&b,&c);
        t=a;
        a=b;
        b=c;
        c=t;
        printf("a=%d b=%d c=%d\n",a,b,c);
        return 0;
    }
```

2.4　选择结构程序设计

1. 源程序如下：

```
    #include <stdio.h>
    #include <math.h>
    main()
    {
        int x,a;
        double y;
        printf("Enter a and x:");
        scanf("%d%d",&a,&x);
        if(fabs(x)!=a)
            y=log(fabs((a+x)/(a-x)))/(2*a);
        else
            y=0;
        printf("a=%d,f(%d)=%.2f\n",a,x,y);
        return 0;
    }
```

2. 源程序如下：

```
    #include <stdio.h>
```

```
main()
{
  int a;
  printf("Input a:");
  scanf("%d",&a);
  if(a>=0)
    printf("%d is positive\n",a);
  else
    printf("%d is negative\n",a);
  return 0;
}
```

3. 源程序如下：

```
#include <stdio.h>
main()
{
  int a,b,c,x;
  printf("Enter a,b,c: ");
  scanf("%d,%d,%d",&a,&b,&c);
  if(a>=b)
    x=a;
  else
    x=b;
  if(x<c)
    x=c;
  printf("the max number is:%d\n",x);
  return 0;
}
```

4. 正确的程序如下：

```
#include <stdio.h>
main()
{
  double n;
  printf("Enter n:");
  scanf("%lf",&n);
  if(n<0)
    printf("n is less than 0\n");
  else if(n==0)
    printf("n is equal to 0\n");
  else
    printf("n is greater than 0\n");
  return 0;
}
```

5. 源程序如下：

```
#include <stdio.h>
```

```
main()
{
  int t,p;
  printf("input t:");
  scanf("%d",&t);
  if(t>160)
    p=160*20+(t-160)*30;
  else
    p=t*20;
  printf("p=%d\n",p);
  return 0;
}
```

6. 源程序如下：

```
#include <stdio.h>
main()
{
  int n,g,sh;
  printf("Enter a two-digit number:");
  scanf("%d",&n);
  printf("You entered the number ");
  if(n>=10 && n<=19)
    switch(n)
    {
      case 10: printf("ten\n"); break;
      case 11: printf("eleven\n"); break;
      case 12: printf("twelve\n"); break;
      case 13: printf("thirteen\n"); break;
      case 14: printf("fourteen\n"); break;
      case 15: printf("fifteen\n"); break;
      case 16: printf("sixteen\n"); break;
      case 17: printf("seventeen\n"); break;
      case 18: printf("eighteen\n"); break;
      case 19: printf("nineteen\n"); break;
    }
  else
  {
    g=n%10;
    sh=n/10;
    switch(sh)
    {
      case 2: printf("twenty"); break;
      case 3: printf("thirty"); break;
      case 4: printf("forty"); break;
      case 5: printf("fifty"); break;
```

```c
        case 6: printf("sixty"); break;
        case 7: printf("seventy"); break;
        case 8: printf("eighty"); break;
        case 9: printf("ninety"); break;
    }
    switch(g)
    {
        case 0: printf("\n"); break;
        case 1: printf("-one\n"); break;
        case 2: printf("-two\n"); break;
        case 3: printf("-three\n"); break;
        case 4: printf("-four\n"); break;
        case 5: printf("-five\n"); break;
        case 6: printf("-six\n"); break;
        case 7: printf("-seven\n"); break;
        case 8: printf("-eight\n"); break;
        case 9: printf("-nine\n"); break;
    }
  }
  return 0;
}
```

2.5 循环结构程序设计

1. 源程序如下：

```c
#include <stdio.h>
int main()
{
  int i,j,sum1,sum2;
  sum1=0;
  for(i=1;i<=100;i++)
    sum1+=i;
  printf("sum1=%d\n",sum1);
  sum2=0;
  for(i=1;i<=100;i++)
  {
    j=i*i;
    sum2+=j;
  }
  printf("sum2=%d\n",sum2);
  return 0;
}
```

2. 源程序如下：

```
#include <stdio.h>
#include <math.h>
main()
{
  int i,j,sum=0;
  for(i=2;i<=5000;i++)        //遍历从 2 到 5000 的所有数
  {
    sum=0;
    for(j=1;j<=i/2;j++)        //找出给定整数 X 的所有因子和
    {
      if(i%j==0)
        sum+=j;
    }
    if(i==sum)                //sum 为因子和,如果和 i 相等,则输出
      printf("%d  ",i);
  }
  printf("\n");
  return 0;
}
```

3. 源程序如下：

```
#include <stdio.h>
#include <math.h>
#define PI 3.14159
int main()
{
  float x,sinx,i,t;
  printf("请输入一个 x 值(弧度值):");
  scanf("%f",&x);
  x=x-(int)(x/(2*PI))*(2*PI);   //sin(2*K*PI+x)=sin(x)
  sinx=0;t=x;i=1;
  while(fabs(t)>=1e-6)
  {
    sinx=sinx+t;
    t=t*(-x*x/(2*i*(2*i+1)));
    i++;
  }
  printf("sin(%.2f)=%.6f\n",x,sinx);
  return 0;
}
```

4. 正确的程序如下：

```
#include <stdio.h>
main()
{
```

```
    int n=1;
    int find=0;
    while(!find)
    {
    if(n%5==1 && n%6==5 && n%7==4 && n%11==10)
    {
      printf("n=%d\n",n);
      find=1;
    }
    n++;
    }
    return 0;
}
```

5. 源程序如下：

```
#include <stdio.h>
#include <math.h>
main()
{
  int k,j,m,n,flag,num=0;
  for(n=100;n<1000;n++)
  {
    flag=0;
    k=sqrt(1.0*n);
    for(j=1;j<=k && flag==0;j++)
      for(m=j;m<=n-j*j && flag==0;m++)
        if(m*m+j*j==n)
        {
          printf("%d=%d*%d+%d*%d\n",n,j,j,m,m); num++; flag=1;
        }
  }
  printf("num=%d\n",num);
  return 0;
}
```

6. 源程序如下：

```
#include <stdio.h>
main()
{
  int i,j,n;
  char ch='A';
  printf("Enter n:");
  scanf("%d",&n);
  if(n<11)
  {
    for(i=1;i<=n;i++)
```

```
    {
      for(j=1;j<=n-i+1;j++)
      {
        printf("%2c",ch);
        ch=ch+1;
      }
      printf("\n");
    }
  }
  else
    printf("n is too large!\n");
  return 0;
}
```

2.6　函数和编译预处理

1. 源程序如下：

```
#include <stdio.h>
int zdgys(int n1,int n2)
{
  int y,i;
  for(i=n2;i>=1;i--)
    if(n1%i==0&&n2%i==0)
    {y=i;break;}
    return y;
}
int zxgbs(int n1,int n2)
{
  int y,i;
  for(i=n1;i<=n1*n2;i++)
    if(i%n1==0&&i%n2==0)
    {y=i;break;}
    return y;
}
int main()
{
  int n1,n2,t;
  scanf("n1=%d n2=%d",&n1,&n2);
  if(n1<n2)
  {
    t=n1;n1=n2;n2=t;
  }
```

```
    printf("zdgys=%d  zxgbs=%d",zdgys(n1,n2),zxgbs(n1,n2));
    return 0;
}
```

2. 源程序如下：

```
#include <stdio.h>
#include <math.h>
prime(int m)
{
  int i,k,flag;
  k=sqrt(m);
  for(i=2;i<=k;i++)
    if(m%i==0) break;
  if(i>=k+1) flag=1;
  else flag=0;
  if(m==1) flag=0;
  return flag;
}
main()
{
  int n,m,num=0,max;
  long sum=0;
  for(n=100;n<=9999;n++)
  {
    if(prime(n))
    {
      m=n/10;
      if(prime(m))
      {
        m=m/10;
        if(prime(m))
        {
          if(m>9)
          {
            m=m/10;
            if(!prime(m)) continue;
          }
          num++;
          sum+=n;
          max=n;
        }
      }
    }
  }
  printf("num=%d,sum=%ld,max=%d\n",num,sum,max);
```

```
    return 0;
  }
```

3. 源程序如下：

```
  #include <stdio.h>
  float  p(int n,int x)
  {
    float y;
    if(n==0)
      return 1.0;
    else if(n==1)
      return 1.0*x;
    else
    {
      y=1.0*((2*n-1)*x*p(n-1,x)-(n-1)*p((n-2),x))/n;
      return y;
    }
  }
  main()
  {
    int x,n;
    float y;
    printf("Input n,x: ");
    scanf("%d,%d",&n,&x);
    y=p(n,x);
    printf("P%d(%d)=%f\n",n,x,y);
    return 0;
  }
```

4. 改正后程序如下：

```
  #include <stdio.h>
  double fact(int n);
  double multi(int n);
  main()
  {
    int i;
    double sum,item,eps;
    eps=1E-6;
    sum=1;
    item=1;
    for(i=1;item>=eps;i++)
    {
      item=fact(i)/multi(2*i+1);
      sum=sum+item;
    }
    printf("PI=%0.5lf\n",sum*2);
```

```
    return 0;
}
double fact(int n)
{
  int i;
  double res=1;
  for(i=1;i<=n;i++)
    res=res*i;
  return res;
}
double multi(int n)
{
  int i;
  double res=1;
  for(i=3;i<=n;i=i+2)
    res=res*i;
  return res;
}
```

5. 源程序如下：

```
int prime(int number)
{
  int flag=1,n;
  if(number<2) flag=0;
  for(n=2;n<number/2 && flag==1;n++)
    if(number%n==0) flag=0;
  return(flag);
}
#include <stdio.h>
main()
{
  int a1,a2,a3,i,j,k,m=0,n,max,s=0;
  for(i=100;i<=999;i++)
  {
    a1=i%10;
    a2=i/10%10;
    a3=i/100;
    j=a1+a2+a3;
    k=a1*a2*a3;
    n=a1*a1+a2*a2+a3*a3;
    if(prime(i)==1 && prime(j)==1 && prime(k)==1 && prime(n)==1)
      { m++; s+=i; max=i; }
  }
  printf("\nnum=%d  sum=%d  max=%d\n",m,s,max);
  return 0;
```

```
    }
6. 源程序如下：
    #include <stdio.h>
    #include <math.h>
    void root(float a,float b,float c)
    {
      float disc,x1,x2,p,q;
      if(a==0)
      {
        if(b!=0)
        {
            p=-c/b;
            printf("\n\nx=%5.2f\n",p);
        }
        else
            printf("方程无解\n");
      }
      else
      {
          disc=b*b- 4*a*c;
          if(disc>0)
          {
              p=-b/(2*a);
              q=sqrt(disc)/(2*a);
              x1=p+q;
              x2=p-q;
              printf("\n\nx1=%5.2f\nx2=%5.2f\n",x1,x2);
          }
          else if(disc<0)
          {
              p=-b/(2*a);
              q=sqrt(-disc)/(2*a);
              printf("\n\nx1=%5.2f+%5.2fi\nx2=%5.2f-%5.2fi\n",p,q,p,q);
          }
          else
          {
              printf("x1=x2=%5.2f\n",-b/(2*a));
          }
      }
    }
    int main()
    {
      float a,b,c,disc,x1,x2,p,q;
      printf("Input a,b,c: ");
```

```
    scanf("%f,%f,%f",&a,&b,&c);
    root(a,b,c);
    return 0;
}
```

2.7 数　　组

1. 源程序如下：

```
#include <stdio.h>
int main( )
{
    int n,i,j;
    int k=0;   //插入位置
    int num;
    int a[100];
    printf("输入的数组长度为:");
    scanf("%d",&n);
    printf("请输入一个长度为%d的升序数组:",n);
    for(i=0;i<=n-1;i++)
        scanf("%d",&a[i]);
    printf("插入的数字为:\n");
    printf("* * * * * * * * \n");
    scanf("%d",&num);
    printf("* * * * * * * * \n");
    for(i=0;i<=n-1;i++)   //寻找插入位置
    {
        if(num>=a[i])
            k=i+1;
        else
            break;
    }
    for(j=n-1;j>=k;j--)
        a[j+1]=a[j];   //向后数组元素
    a[k]=num;   //插入元素
    for(i=0;i<=n;i++)   //输出插入后的数组
        printf("%d\t",a[i]);
    printf("\n");
    return 0;
}
```

2. 源程序如下：

```
#include <stdio.h>
#define N 5
```

```c
int main()
{
    int a[N],i,j;
    int temp;
    for(i=0;i<N;i++)    //输入数组元素
        scanf("%d",&a[i]);
    for(i=1;i<N;i++)    //冒泡排序
    {
        for(j=N-1;j>=i;j--)
        {
            if (a[j]<a[j-1])    //相邻元素交换
            {
                temp=a[j];
                a[j]=a[j-1];
                a[j-1]=temp;
            }
        }
    }
    for(i=0;i<N;i++)    //输出排序后的数组
        printf("%d\t",a[i]);
    printf("\n");
    return 0;
}
```

3. 源程序如下：

```c
#include <stdio.h>
void main()
{
    int i,j,k;
    float a[11],avg,total=0;   //a[0]用作临时变量
    for(i=1;i<=10;i++)    //输入10个歌手的得分
        scanf("%f",&a[i]);
    for(i=1,a[0]=a[1];i<=10;i++)
        if(a[i]>a[0])    //j记录最高分的下标
        {
            a[0]=a[i];j=i;
        }
    for(i=1,a[0]=a[1];i<=10;i++)
        if(a[i]<a[0])    //k记录最低分的下标
        {
            a[0]=a[i];k=i;
        }
    for(i=1;i<=10;i++)    //求总分
        total+=a[i];
    total=total-a[j]-a[k];   //减去最高分、最低分
```

```
        avg=total/8;   //求平均分
        printf("%f\n",avg);
        return 0;
    }
```

4. 源程序如下：

```
    #include <stdio.h>
    voidmain()
    {
        int a[4][5],i,j,r,c;
        for(i=1;i<=3;i++)
          for(j=1;j<=4;j++)
            scanf("%d",&a[i][j]);
        for(i=1,a[0][0]=a[1][1];i<=3;i++)
          for(j=1;j<=4;j++)
            if(a[i][j]>a[0][0])
            {a[0][0]=a[i][j];r=i- 1;c=j- 1;}
        printf("%d,%d,%d\\n",a[0][0],r,c);
        return 0;
    }
```

5. 源程序如下：

```
    #include <stdio.h>
    int main()
    {
        char c[15];
        int i,word=0,num=0,space=0;
        for(i=0;i<=14;i++)
          scanf("%c",&c[i]);   //输入 15 个字符
        for(i=0;i<=14;i++)
        {
          if(c[i]==' ')   //空格
              space++;
          if(c[i]>='0'&&c[i]<='9')   //数字
              num++;
          if(c[i]> 'a'&& c[i]<'z')   //小写字母
              word++;
        }
        printf("字符:%d 数字:%d 空格:%d\n",word,num,space);
        return 0;
    }
```

6. 源程序如下：

```
    #include <stdio.h>
    int search(int a[],int num,int n);
    main()
    {
```

```
    int a[10],i,num,find;
    printf("请输入 10 个从小到大排列的数字:");
    for(i=0;i<=9;i++)
      scanf("%d",&a[i]);
    printf("请输入要查询的数字:");
    scanf("%d",&num);
    find=search(a,num,10);
    if(find==-1)
      printf("无此数!");
    else
      printf("%d的下标是:%d",num,find);
    return 0;
}


int search(int a[],int num,int n)
{ int low=0;int high=n;int mid=0;
  while(high>low)
  {
    mid=(high+low)/2;
    if(a[mid]==num)
      return mid;
    if(a[mid]>num)
      high=mid-1;
    else
      low=mid+1;
    if(low>high)
      return -1;
  }
}
```

2.8 数组和函数综合程序设计

1. 源程序如下:

```
#include <stdio.h>
int sum_arr(int a[][4],int b[][4])
{
  int c[3][4],r,l;
  for(r=0;r<=2;r++)
    for(l=0;l<=3;l++)
      c[r][l]=a[r][l]+b[r][l];
  for(r=0;r<=2;r++)
    for(l=0;l<=3;l++)
```

```
      {
        printf("%d\t",c[r][l]);
        if(l==3) printf("\n");
      }
    return 0;
 }


int sub_arr(int a[][4],int b[][4])
 {
    int c[3][4],r,l;
    for(r=0;r<=2;r++)
      for(l=0;l<=3;l++)
        c[r][l]=a[r][l]-b[r][l];
    for(r=0;r<=2;r++)
      for(l=0;l<=3;l++)
      {
        printf("%d\t",c[r][l]);
        if(l==3) printf("\n");
      }
    return 0;
 }


int main()
 {
    int a[3][4]={{7,-5,3,3},{2,8,-6,4},{1,-4,-2,5}};
    int b[3][4]={{3,6,9,4},{2,-8,3,6},{5,-2,-7,9}};
    printf("A+B:\n");
    sum_arr(a,b);
    printf("\n");
    printf("A-B:\n");
    sub_arr(a,b);
 }
```

2. 源程序如下：

```
#include <stdio.h>
int search(int a[],int n,int num)
 {
    int i;
    for(i=0;i<=n-1;i++)
      if(num==a[i]) return 1;
    return -1;
 }
int main()
 {
    int a[7],i,find,num;
```

```
  for(i=0;i<=6;i++)
    scanf("%d",&a[i]);
  printf("输入要查询的数据:");
  scanf("%d",&num);
  find=search(a,7,num);
  if(find==1) printf("数据%d已找到。",num);
  if(find==-1) printf("数据%d没有找到。",num);
  return 0;
}
```

3. 源程序如下：

```
#include <stdio.h>
int order_line(int a[],int n)
{  //冒泡排序
  int i,j,temp;
  for(i=0;i<n-1;i++)   //n- 1 轮
    for(j=0;j<n-1-i;j++)
    {
      if(a[j]>=a[j+1])   //相邻元素交换条件
      { temp=a[j]; a[j]=a[j+1]; a[j+1]=temp; }
    }
  for(i=0;i<=n-1;i++)
    printf("%d\t",a[i]);
  return 0;
}
int search_line(int a[],int n,int num)
{
  int i;
  for(i=0;i<=n-1;i++)   //顺序查找算法
    if(num==a[i]) return 1;
  return -1;
}

int main()
{
  int a[8],i,num,find;
  for(i=0;i<=7;i++)
    scanf("%d",&a[i]);
  order_line(a,8);
  printf("\n");
  printf("输入要查询的数据:");
  scanf("%d",&num);
  find=search_line(a,8,num);
  if(find==1) printf("数据%d已找到。",num);
  if(find==-1) printf("数据%d没有找到。",num);
```

```
    return 0;
  }
```

4. 源程序如下：

```
#include <stdio.h>
int main()
{
  char a[3][80];
  int i,j,bl=0,sl=0,space=0,num=0,other=0;
  for(i=0;i<=2;i++)
    gets(a[i]);
  for(i=0;i<=2;i++)
    for(j=0;a[i][j]!='\0';j++)
    {
      if(a[i][j]>='A'&&a[i][j]<='Z') bl++;   //大写字母
      else if(a[i][j]>='a'&&a[i][j]<='z') sl++;   //小写字母
      else if(a[i][j]>='0'&&a[i][j]<='9') num++;   //数字
      else if(a[i][j]==' ') space++;   //空格
      else other++;   //其他字符
    }
    printf("大写字母数:%d,小写字母数:%d,数字数:%d,空格数:%d,其他字符数:%d\n",
         bl,sl,num,space,other);
  return 0;
}
```

5. 源程序如下：

```
//csy8_5.c
#include <stdio.h>
int main()
{
  int i,j;
  char star='*',space=' ';
  for(i=0;i<=4;i++)
  {
    printf("\n");
    for(j=0;j<=i;j++)
      printf("%c %c",star,space);
  }
  return 0;
}
```

6. 原程序求得的是下三角形,经改进调试之后的程序为：

```
#include <stdio.h>
#define N 6
int main()
{
  int i,j,sum=0;
```

```
    int a[N][N]={0};
    printf("input 5×5 data:\n");
    for(i=1;i<N;i++)
    {
      printf("Input the %d line data:\n",i);
      for(j=1;j<N;j++)
        scanf("%d",&a[i][j]);
    }
    for(i=1;i<N;i++)
    {
      for(j=1;j<N;j++)
        printf("%5d",a[i][j]);
      printf("\n");
    }
    for(i=1;i<N;i++)
      for(j=N-1;j>=i;j--)
        sum=sum+a[i][j];
    printf("sum=%d\n",sum);
    return 0;
}
```

2.9　指　　针

1. 源程序如下：

```
#include <stdio.h>
int lenstr(char *str)
{
  int i=0;
  while(*str++)   //*str 不是空 0
    i++;   //字符个数增 1
  return i;
}
int main()
{
  int sum;
  char a[100];
  scanf("%s",a);   //输入字符串
  sum=lenstr(a);   //求字符串的长度
  printf("%d",sum);
  return 0;
}
```

2. 源程序如下：

```
#include <stdio.h>
#include <string.h>
void verstring(char *str)
{  //形参指针接受字符数组或字符串指针
    int i=0,len;
    char *p;
    p=str;  //指向形参字符串
    len= strlen(str);  //求字符串长度
    p+=len;  //指针指向字符串的尾部后一个位置
    for(i=0;i< len;i++)  //逆序输出字符串
        printf("%c",* --p);  //* --p,先做-- 运算,再做* 运算
}
int main()
{
    char a[100];
    scanf("%s",a);
    verstring(a);
    return 0;
}
```

3. 该程序将输入的 n 个数的最大值放在第一位,把最小值放在最后一位。

4. 该程序的作用是求取输入字符串的长度。

5. 源程序如下:

```
# include <stdio.h>
# define N 10
int sort(char *str)
{
    int i,j;
    char t;
    int count=0;  //记录内循环交换数据的次数
    int num=0;  //记录外循环的次数
    for(i=1;i<=N-1;i++)
    {
        num++;
        count=0;
        for(j=n-1;j>=i;j--)
            if(* (str+j)< * (str+j-1))
            {  //相邻元素交换
                t=* (str+j);
                * (str+j)=* (str+j-1);
                * (str+j-1)=t;
                count++;  //交换次数增 1
            }
            if(count==0)  //内循环没有交换,退出
                break;
```

```
    }
      return num;   //返回外循环的次数
    }

    void main()
    {
      int i;
      int count=0;
      char  a[N];
      for(i=0;i<=N-1;i++)   //输出字符数组的元素
        scanf("%c",&a[i]);
      count=sort(a);   //排序
      for(i=0;i<=N-1;i++)
        printf("%c",a[i]);
      printf("\n排序的趟数:%d\n",count);
    }
```

6. 源程序如下：

```
    #include <stdio.h>
    #define N 5
    int num_count(int *str,int n,float *avg)
    {
      int i,count=0;
      float sum=0;
      for(i=0;i<n;i++)   //求和
        sum+=*(str+i);
      *avg=sum/n;   //求平均成绩
      for(i=0;i<n;i++)   //统计高于平均成绩的人数
      {
        if(*(str+i)>*avg)
          count++;
      }
      return count;
    }

    void main()
    {
      int a[N],i,num;
      float averge=0;;平均成绩
      for(i=0;i<N;i++)
        scanf("%d",&a[i]);
      num=num_count(a,N,&averge);   //函数调用,注意指针
      printf("高于平均成绩:%.2f的人数为:%d人\n",averge,num);
    }
```

2.10　指针、函数和数组综合程序设计

1. 源程序如下：

```c
#include <stdio.h>
#define COLUMN 4   //评委的人数
#define ROW3   //竞赛选手的人数
int *sort(int *point)
{  //冒泡排序
    int i,j,*temp,t;
    temp=point;
    for(i=0;i<COLUMN-1;i++)
    {
        for(j=i+1;j<COLUMN;j++)
        {
            if(*(temp+j)>*(temp+i))
            {
                t=*(temp+j);*(temp+j)=*(temp+i);
                *(temp+i)=t;
            }
        }
    }
    return temp;   //返回排序后数组指针
}

int score_compute(int *p,int n)
{  //计算选手的得分
    int *score;
    int i,tempsum=0;
    score=p;   //某选手已排序的评委评分
    for(i=1;i<n-1;i++)   //去掉最高分、最低分后求和
    {
        tempsum+=score[i];
    }
    printf("\n* *   %4d * * * \n",tempsum/(n-2));
    return tempsum/(n-2);   //返回选手的得分
}

int main()
{
    int i=0,j=0,k=0;
    int *b,*c;
    int a[ROW][COLUMN]= {{78,98,63,84},{74,82,65,70},{95,96,95,71}};
```

```
        int score[ROW];
        for(i=0;i<3;i++)
        {
            printf("\n");
            for(k=0;k<COLUMN;k++)
            {
                printf("%4d",a[i][k]);
            }
        }
        for(k=0;k<ROW;k++)
        {
            b=sort(&a[k][0]);
            printf("\n* * * * * * * the %d row:* * * * * * * * * *",k);
                            //输出排序的各评委评分
            for(i=0;i<4;i++)
            {
                printf("%4d",*(b+i));
            }
            score[k]=score_compute(b,4);   //计算选手的最后得分
        }

        for(k=0;k<ROW;k++)
            printf("\n* * * * *%4d* * * * *",score[k]);
        printf("\n");
        c=sort(score);   //选手最后得分排序
        printf("%5d",*(c));
        printf("%5d",*(c+1));
        printf("%5d",*(c+2));
        printf("\n* * * * * * * * * * * * * * * \n");
        for(j=0;j<ROW;j++)   //输出排序后的选手成绩
            printf("%5d",*(c+j));
        printf("\n");
        return 0;
    }
```

2. 源程序如下：

```
    #include <stdio.h>
    #define N 8   //杨辉三角的层数
    int factorial(int m)
    {   //求 m 的阶乘
        int i=1;
        int result=1;
        for(i=1;i<=m;i++)
        {
            result *=i;
```

```
        }
        return(result);
    }

    void main()
    {
        int i=0,j=0;
        int a[8];
        printf("1");;
        for(i=1;i<=N-1;i++)
        {
            printf("\n1");   //换行,并输出数字 1
            for(j=1;j<=i;j++)
            {   //系数公式:factorial(i)/(factorial(j)*factorial(i-j))
                printf("%4d",factorial(i)/(factorial(j)*factorial(i-j)));
            }
        }
        getchar();
    }
```

3. 源程序如下:

```
    #include <stdio.h>
    int *sort(int *a,int n)
    {
      int i=0,j=0,temp=0;
      int count;
      for(i=0;i<n-1;i++)
      {
        count=0;   //记录内循环的交换次数
        for(j=n-1;j>i;j--)
        {
            if(*(a+j-1)<*(a+j))
            {   //交换相邻元素
                temp=*(a+j-1);*(a+j-1)=*(a+j);*(a+j)=temp;
                count++;
            }
        }
        if(count==0)   //内循环没有交换,退出
            break;
      }
      return a;
    }

    int search(int *c,int sch)
    {
```

```c
    int low,high,middle;
    int temp=-1;   //记录找到的元素的下标,没找到为-1
    int flag=1;
    low=0;   //记录分段最小下标
    high=9;   //记录分段最大下标
    printf("* * * * * * * * * * * * * * * * * * * * * * * * * * \n");
    for(low=0;low<10;low++)
    {
      printf("%4d",*(c+low));   //输出的数组元素
    }
    printf("\n* * * * * * * * * * * * * * * * * * * * * * * * *");

    low=0;
    while((flag)&&(low<=high))
    {
      middle=(low+high)/2;   //分成两部分,以 middle 为界
      if(sch>*(c+middle))
      {
          high=middle-1;   //low~ middle
      }
      if(sch<*(c+middle))
      {
          low=middle+1;   //middle+1~ high
      }
          if(sch==*(c+middle))   //已找到
          {
              temp=middle;
              flag=0;
          }
      }
    return temp;   //返回找到的元素的下标
}

int main()
{
  int i=0,temp=0,number;
  int a[20],*b;
  printf("\nplease input 10 integers:");
  for(i=0;i<10;i++)
  {
    scanf("%d",&a[i]);
  }
  b=sort(a,10);
  printf("\nplease input which number you want to search:");
```

```
    scanf("%d",&temp);

    number=search(b,temp);   //在 b 中找到 temp 相同的元素的下标 number
    printf("\n* * *     %d* * *",number);

    if(number==-1)   //没有找到查找的数据
    {
      a[10]=temp;   //把该数据放入最后一个数
      b=sort(a,11);  //排序
      printf("* * * * * * * * * * * * * * * * * * * * * * * * * \n");
      for(i=0;i<11;i++)   //输出排序后的数组
      {
          printf("%4d",*(b+i));
      }
      printf("\n* * * * * * * * * * * * * * * * * * * * * * * * *");
    }
    else   //查找成绩
    {
      printf("\nSearch successed!\n %d is the %d integer!",temp,number+1);
    }
    return 0;
}
```

2.11 结构体和共用体

1. 源程序如下:

```
#include <stdio.h>
#include <string.h>
#define FORMAT "%02d\t%s\t%d\t%c\n"
struct student
{
  int num;
  char name[20];
  int age;
  char sex;
};
int main()
{
  void input(struct student stu[] );
  struct student stu[4];
  int i;
  input(stu);
  for(i=0;i<4;i++)
```

```
    {
        printf(FORMAT,stu[i].num,stu[i].name,stu[i].age,stu[i].sex);
    }
}
void input(struct student stu[])
{
    int i;
    for(i=0;i<4;i++)
    {
        scanf("%d",&stu[i].num);
        getchar();
        scanf("%s",&stu[i].name);
        getchar();
        scanf("%d",&stu[i].age);
        getchar();
        scanf("%c",&stu[i].sex);
        getchar();
    }
}
```

2. 源程序如下：

```
void count(struct student stu[])
{
    int i,c=0,boy=0,girl=0;
    for(i=0;i<4;i++)
    {
        if(stu[i].age<18) c+=1;
        if(stu[i].sex=='m') boy++;
        else girl++;
    }
    printf("boy\tgirl\tage<18\n");
    printf("%d\t%d\t%d\n",boy,girl,c);
}
```

在第 1 题的主程序中 for 循环语句之后调用该函数。

3. 源程序如下：

```
#include <stdio.h>
union disa
{
    short int a;
    char b[2];
};
int main()
{
    union disa num;
    printf("please enter a integer:");
```

```
    scanf("%d",&num.a);
    printf("b[0]\tb[1]\n");
    printf("%d\t%d\n",num.b[0],num.b[1]);
}
```

4. 源程序中要修改的是:

```
printf("%5d %-20s %2c %4d\n",*p.num,*p.name,p.sex,p.age);
```

改为:`printf("%5d %-20s %2c %4d\n",p->.num,p->name,p->sex,p->age);`

或 `printf("%5d %-20s %2c %4d\n",(*p).num,(*p).name,p->sex,p->age);`

5. (选做)源程序如下:

```
#include <stdlib.h>
#include <stdio.h>
#include <string.h>
#define N 3
#define LENsizeof(struct grade)
struct grade
{
  char no[7];
  int score;
  struct grade *next;
};
struct grade *create(void)
{
  struct grade * head=nULL,*pNew,*tail;
  int i=1;
  for( ;i<=N;i++)
  {
    pNew=(struct grade *)malloc(LEN);
    printf("Input the number of student No.%d(6 bytes): ",i);
    scanf("%s",pNew->no);
    if(strcmp(pNew->no,"000000")==0)
    {
        free(pNew);
        break;
    }
    printf("Input the score of the student No.%d: ",i);
    scanf("%d",&pNew->score);
    pNew->next=NULL;
    if(i==1)
        head=pNew;
    else
        tail->next=pNew;
    tail=pNew;
  }
```

```
        return(head);
    }
void output (struct grade *p)
{
    int i;
    if(p!=NULL)
      for(i=1;i<=n;i++)
      {
          printf("%s:%d\n",p->no,p->score);
          p=p->next;
      }
}
int main()
{
    struct grade *p;
    int i;
    p=create();
    output(p);
    return 0;
}
```

2.12　文　　件

1. 源程序如下：

```
#include <stdio.h>
#define SIZE4
struct student
{
    char name[10];
    char num[5];
    int age;
    char addr[15];
} stu[SIZE];
void save()
{
    FILE *fp;
    int i;
    if((fp=fopen("d:\\student","wb"))==NULL)
    {
    printf("cannot open file\n");
    return;
    }
```

```
    for(i=0;i<SIZE;i++)
      if(fwrite(&stu[i],sizeof(struct student),1,fp)!=1)
        printf("file write error\n");
    fclose(fp);/* 设置断点,观察变量 i 的值 */
  }
  void output()
  {
    FILE * fp;
    int i;
    if((fp=fopen("d:\\student","rb"))==NULL)
    {
      printf("cannot open file\n");
      return;
    }
    for(i=0;i<SIZE;i++)
    {
      fread(&stu[i],sizeof(struct student),1,fp);
      printf("%-10s %s    %4d   %-15s\n",
          stu[i].name,stu[i].num,stu[i].age,stu[i].addr);
    }
    fclose(fp);
  }
  int main()
  {
    FILE * fp;
    int i;
    for(i=0;i<SIZE;i++)
      scanf("%s%s%d%s",stu[i].name,&stu[i].num,&stu[i].age,stu[i].addr);
    save();         /* 设置断点,观察键盘输入数据是否正常 */
    output();
  }
```

2. 源程序如下:

```
#include <stdio.h>
#define SIZE 2
struct student
{
  char name[10];
  char num[5];
  int age;
  char addr[15];
} stu[SIZE];
void save()
{
  FILE * fp;
```

```
    int i;
    if((fp=fopen("d:\\student","wb"))==NULL)
    {
      printf("cannot open file\n");
      return;
    }
    for(i=0;i<SIZE;i++)
      if(fwrite(&stu[i],sizeof(struct student),1,fp)!=1)
    printf("file write error\n");
    fclose(fp);  /* 设置断点,观察变量 i 的值 */
}
void output()
{
    FILE * fp;
    int i;
    if((fp=fopen("d:\\student","rb"))==NULL)
    {
      printf("cannot open file\n");
      return;
    }
    for(i=0;i<SIZE;i++)
    {
      fread(&stu[i],sizeof(struct student),1,fp);
      printf ("%-10s  %s  %4d  %-15s\n",stu[i].name,stu[i].num,stu[i].age,
          stu[i].addr);
    }
    fclose(fp);
}
void copy()
{
    FILE * fp1,* fp2;
    int i=0;
    if((fp1=fopen("d:\\student","rb"))==NULL)
    {
      printf("cannot open file\n");
      return;
    }
    if((fp2=fopen("d:\\copy","wb"))==NULL)
    {
      printf("cannot open file\n");
      return;
    }
    for(i=0;i<SIZE;i++)
    {
```

```
      if(fread(&stu[i],sizeof(struct student),1,fp1)!=1)
        printf("file read error\n");
    }
    for(i=0;i<SIZE;i++)
    {
      if(fwrite(&stu[i],sizeof(struct student),1,fp2)!=1)
        printf("file write error\n");
    }
    fclose(fp1);
    fclose(fp2);
  }
int main()
{
  FILE *fp;
  int i;
  for(i=0;i<SIZE;i++)
    scanf("%s%s%d%s",stu[i].name,&stu[i].num,&stu[i].age,stu[i].addr);
  save();            /* 设置断点,观察键盘输入数据是否正常 */
  copy();
  output();
}
```

3. 源程序如下：

```
#include <stdio.h>
#define SIZE 4
struct student
{
  char name[10];
  char num[5];
  int age;
  char addr[15];
} stu[SIZE];
void save()
{
  FILE *fp;
  int i;
  if((fp=fopen("d:\\student","wb"))==NULL)
  {
    printf("cannot open file\n");
    return;
  }
  for(i=0;i<SIZE;i++)
    if(fwrite(&stu[i],sizeof(struct student),1,fp)!=1)
      printf("file write error\n");
  fclose(fp);/* 设置断点,观察变量 i 的值 */
```

```
    }
    void output()
    {
      FILE * fp;
      int i=0;
      if((fp=fopen("d:\\student","rb"))==NULL)
      {
        printf("cannot open file\n");
        return;
      }
      fseek(fp,2L* sizeof(struct student),0);
      fread(&stu[i],sizeof(struct student),1,fp);
      printf ("%-10s %s      %4d    %-15s\n",stu[i].name,stu[i].num,stu[i].age,
          stu[i].addr);
      fclose(fp);
    }
    void main()
    {
      FILE * fp;
      int i;
      for(i=0;i<SIZE;i++)
        scanf("%s%s%d%s",stu[i].name,&stu[i].num,&stu[i].age,stu[i].addr);
      save();          /* 设置断点,观察键盘输入数据是否正常 */
      output();
    }
```

4. 源程序中要修改的是:

```
    (fp=fopen("d:\\sy12.txt","w"))!=NULL
```

改为:(fp=fopen("d:\\sy12.txt","w"))==NULL

```
      fgets(string,fp)
```

改为:fputs(string,fp)

```
      fread(string,strlen(string)+1,fp)
```

改为:fread(string,sizeof(char),strlen(string)+1,fp);

5. (选做)源程序如下:

```
    #include <stdio.h>
    #include "stdlib.h"
    void main()
    {
      FILE * fp;
      char str[100],filename[10];
      int i=0;
      if((fp=fopen("test","w"))==NULL)
      {
        printf("cannot open the file\n");
```

```
      exit(0);
    }
  printf("please input a string:\n");
  while((str[i]=getchar())!='! ')
  {
    if(str[i]>='a' && str[i]<='z')
      str[i]=str[i]-32;
    i++;
  }
  fputs(str,fp);
  fclose(fp);
  fp=fopen("test","r");
  fgets(str,i+1,fp);
  printf("%s\n",str);
  fclose(fp);
}
```

6.（选做）源程序如下：

```
#include <stdio.h>
#include "stdlib.h"
void main()
{
  FILE *fp;
  int i,j,n;
  char c[80],t,ch;
  if((fp=fopen("d:\\A.txt","r"))==NULL)
  {
    printf("file A cannot be opened\n");
    exit(0);
  }
  printf("\n A contents are:\n");
  for(i=0;(ch=fgetc(fp))!=EOF;i++)
  {
    c[i]=ch;
    putchar(c[i]);
  }
  fclose(fp);
  j=i;
  if((fp=fopen("d:\\B.txt","r"))==NULL)
  {
    printf("file B cannot be opened\n");
    exit(0);
  }
  printf("\n B contents are :\n");
  for( ;(ch=fgetc(fp))!=EOF;j++)
```

```
   {
     c[j]=ch;
     putchar(c[j]);
   }
   fclose(fp);
   n=j;
   for(i=0;i<n;i++)
     for(j=i+1;j<n;j++)
       if(c[i]>c[j])
       {
         t=c[i];c[i]=c[j];c[j]=t;
       }
   printf("\n C file is:\n");
   fp=fopen("d:\\C.txt","w");
   for(i=0;i<n;i++)
   {
     putc(c[i],fp);
     putchar(c[i]);
   }
   fclose(fp);
}
```

2.13　综合程序设计

1. 源程序如下:

```
#include <stdlib.h>
#include <string.h>
#include <stdio.h>
#include <conio.h>
#define recperpage 10   /* disp records per page */
#define FILENAME "c:\\comlists"
struct address
{
  char name[20];
  char email[20];
  char phone[20];
  struct address *next;
} *head=NULL;
/* 向链表中添加新记录内容 */
struct address *addnew(struct address *head,char *name,char *email,char *phone)
{
  struct address p0,p1;
```

```
    p0=(struct address *)malloc(sizeof(struct address));
    strcpy(p0->name,name);
    strcpy(p0->email,email);
    strcpy(p0->phone,phone);
    if(head==NULL)
       head=p0;
    else
     {
       p1=head;
       while(p1->next!=NULL)
         p1=p1->next;
       p1->next=p0;
     }
    p1->next=NULL;
    return(head);
}
/* 从链表中删除姓名为指定内容的所有节点 */
struct address *delrec(char *name)
{
    struct address *p1,*p2;
    if(head==NULL) return NULL;
    p1=head;
    /*p1不是要找的节点,并且其后还有节点 */
    while(strcmp(p1->name,name)!=0 && p1->next!=NULL;
    {
        p2=p1; p1=p1->next;   /*p1后移一个节点 */
    }
    if(strcmp(p1->name,name)==0); /* 找到了 */
    {
       if(p1==head)
           head=p1->next; /*p1指向首节点 */
       else
           p2->next=p1->next;
       printf("\nDelete OK!\n");
    }
    else
       printf("\nNot find!\n");
    return head;
}
/* 将链表中的数据内容保存到文件中 */
void saverec(struct address *head,char *filename)
{
    struct address *p=head;
    FILE *fp;
```

```
    if((fp=fopen(filename,"wb"))==NULL)
    {
      printf("cannot open file\n");
      return;
    }
    if(p!=NULL)
      do
      {
        if(fwrite(p,sizeof(struct address),1,fp)!=1)
        {
          printf("file write error\n");
          fclose(fp);
          break;
        }
        p=p->next;
      } while(p!=NULL);
    fclose(fp);
}
/* 显示链表的数据内容 */
void printrec(struct address *head)
{
  int n=0,key;
  struct address *p=head;
  prints:
  printf("\n\nPress 0 to Exit,others to continue!\n");
  printf("ID         Name         E_Mail        Phne\n");
  if(p!=NULL)
    do
    {
      printf("%3d",n+1);
      printf("%20s",p->name);
      printf("%20s",p->email);
      printf("%20s",p->phone);
      n++;
      p=p->next;
      if(p==NULL) break;
      if(n%recperpage==0)
      {
        scanf("%d",&key);
        if(key==0) break;
        else goto prints;
      }
    } while(p!=NULL)
}
```

```
/* 从文件中读取数据内容到链表中 */
struct address *readrec(char *filename)
{
  char c;
  struct address *p,*p1,*head=NULL;
  FILE *fp;
  if((fp=fopen(filename,"rb"))==NULL)
  {
    printf("cannot open file\n");
    return NULL;
  }
  while(!feof(fp))
  {
    c=fgetc(fp);  /* 首先预读 1 个字节,然后再向前定位一个字节 */
    if(feof(fp)) break;
    fseek(fp,-1,SEEK_CUR);
    p=(struct address *)malloc(sizeof(struct address));
    fread(p,sizeof(struct address),1,fp);
    if(head==NULL)
      head=p;
    else
      p1->next=p;
    p1=p;
  }
  fclose(fp);
  p1->next=NULL;
  return(head);
}
/* 交换两个节点的内容 */
void exchangenode(struct address *p,struct address *p1)
{
  char cdata[20];
  strcpy(cdata,p1->name);
  strcpy(p1->name,p1->name);
  strcpy(p1->name,cdata);
  strcpy(cdata,p1->email);
  strcpy(p1->email,p1->email);
  strcpy(p1->email,cdata);
  strcpy(cdata,p1->phone);
  strcpy(p1->phone,p1->phone);
  strcpy(p1->phone,cdata);
}
/* 按照姓名排序 */
void sortbyname(struct address *head)
```

```
{
  struct address *p1,*p2,*p;
  if(head==NULL) return;
  p1=head;
  do
  {
    p=p1;
    p2=p1->next;
    while(p2!=NULL)
    {
      if(strcmp(p->name,p2->name)>0)
        p=p2;
      p2=p2->next;
    }
    if(p!=p1)
      exchangenode(p,p1);
    p1=p1->next;
  } while(p1!=NULL);
}
/* 按姓名进行查询并显示查询结果 */
void querybyname(struct address *h,char *qname)
{
  struct address *p,*p0=NULL;
  p=h;
  if(p==NULL)
  {
    printf("Linklist is NULL,not find!");
    return;
  }
  while(p!=NULL)
  {
    /* 找到查找内容则加入到新的链表中,用于打印 */
    if(strcmp(p->name,qname)==0)
      p0=addnew(p0,p->name,p->email,p->phone);
    p=p->next;
  }
  /* 显示检索出来的链表内容 */
  if(p0==NULL)
  {
    printf("Sorry,Not find!");
    return;
  }
  else
    printrec(p0);
}
```

```
void mainmenu()
{
  printf("\n\n\n\nWelcome to use this program! \n");
  printf("Add New Record,press 1\n");
  printf("Delete One Record,press 2\n");
  printf("Modify Record,press 3\n");
  printf("Save Record,press 4\n");
  printf("Read Record,press 5\n");
  printf("Display Record,press 6\n");
  printf("Query Record,press 7\n");
  printf("Sort Record,press 8\n");
  printf("Exit,press 0\n");
}
void main()
{
  int key,key1;
  char name[20]={0},email[20]={0},phone[20]={0};
  mainmenu();
  scanf("%d",&key);
  while(key!=0)
  {
    switch(key)
    {
      case 1: /* 添加新记录 */
        printf("Please Input User Name: "); scanf("%s",name);
        printf("Please Input User E_Mail: "); scanf("%s",email);
        printf("Please Input User Phone: "); scanf("%s",phone);
        head=addnew(head,name,email,phone); /* 调用函数 */
        break;
      case 2: /* 删除一条记录 */
        printf("Input User Name to Del: "); scanf("%s",name);
        head=delrec(name);
        break;
      case 3: /* 修改一条记录 */
        printf("Input User Name to Modify: "); scanf("%s",name);
        head=delrec(name);
        break;
      case 4: /* 保存链表数据到数据文件中 */
        saverec(head,FILENAME);
        break;
      case 5: /* 读取数据文件中的记录到链表 */
        head=readrec(FILENAME);
        break;
      case 6: /* 显示链表中的数据内容 */
        printrec(head);
```

```
          break;
       case 7: /* 按照姓名进行查找 */
          printf("Input User Name to Query: ");
          scanf("%s",name);
          querybyname(head,name);
          break;
       case 8: /* 按照姓名排序 */
          sortbyname(head);
          break;
       case 0:
          printf("\nThanks,Good-Bye! Press Any Key to Quit\n");
          getch();
          return;
       }
     mainmenu();
     scanf("%d",&key);
   }
  return 0;
}
```

2. 源程序如下：

```
#include <dos.h>
#include <stdio.h>
#include <conio.h>
#include <time.h>
int isleapyear(int year);
voidshowcalender(int y,int m);   /* 显示 y 年 m 月的日历*/
int main(void)
{
  int y,m;
  time_t time_now;
  struct tm *ptm;
  time(&time_now);
  ptm=gmtime(&time_now);
  printf("\nThe current year is: %d\n",ptm->tm_year+1900);
  printf("The current day is: %d\n",ptm->tm_mday);
  printf("The current month is: %d\n",ptm->tm_mon+1);
  y=ptm->tm_year+1900;
  m=ptm->tm_mon+1;
  while(y>0&&m>0)
  {
    showcalender(y,m);   /* 显示 y 年 m 月的日历*/
    getchar();
    printf("\nPlease Input a New Year & Month: ");
    scanf("%d,%d",&y,&m);
  }
```

```
      return 0;
}
/* show.c 文件 */
int year=1980,mon=1,day=1,week=2;
int monday[13]= {0,31,28,31,30,31,30,31,31,30,31,30,31};
int isleapyear(int year)    /* 判断是否为闰年 */
{
    if((year%4==0 && year%100! =0)||year%400==0)
        return(1);
    else
        return(0);
}
void showcalender(int y,int m)    /* 显示 y 年 m 月的日历 */
{
    int i,curweek,d;
    long days=0;
    /* 计算目标日期的月份第一天与参考日期的相距天数 */
    if(y>=year)
    {
        for(i=year;i<y;i++)
          if(isleapyear(i)==1)
            days+=366;
          else
            days+=365;
        for(i=0;i<m;i++)
          days+=monday[i];
        if(isleapyear(y)==1&&m>2)
          days+=1;
    }
    curweek= (week+days%7)%7;
    //clrscr();
    printf("\n");
    printf("Sun  Mon  Tue  Wed  Thu  Fri  Sat\n");
    if(isleapyear(y)==1&&m==2)
      d=29;
    else
      d=monday[m];
    for(i=0;i<curweek;i++)
      printf("%5c",' ');
    for(i=1;i<= d;i++)
    {
      printf("%-5d",i);
      if((i+curweek)%7==0) printf("\n");
    }
}
```

第二部分 C语言经典程序100例

第3章 熟悉C语言程序开发环境

实例1 输出一个心形

【问题描述】

使用输出语句输出一个心形,运行结果如图3-1所示。

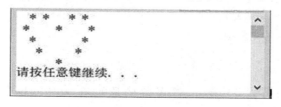

图3-1 输出一个心形

【程序代码】

```c
#include <stdio.h>
void main()
{
    printf("  *  *    *  * \n");
    printf(" *       *    * \n");
    printf("   *        * \n");
    printf("    *       * \n");
    printf("         * \n");
}
```

实例2 输出考试界面

【问题描述】

模拟输出一个C语言考试系统界面,运行结果如图3-2所示。

【程序代码】

```c
#include <stdio.h>
#include <stdlib.h>
void main()
{

    system("cls");                                        /* 清屏 */
```

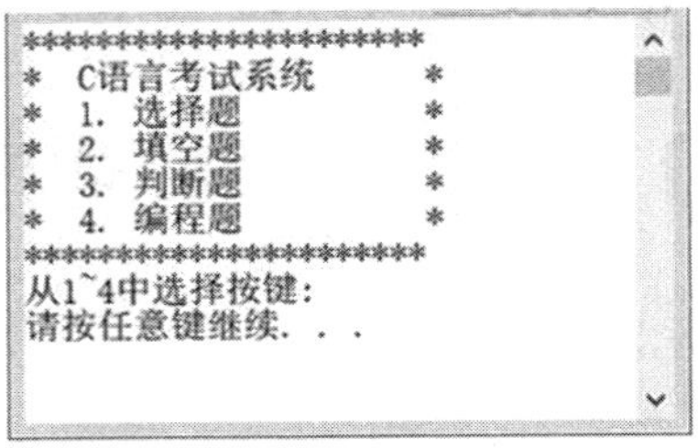

图 3-2　输出考试界面

```
    printf("* * * * * * * * * * * * * * * * * * * * \n");          /* 输出普通字符*/
    printf("*    C语言考试系统                    * \n");
    printf("*    1.选择题                         * \n");
    printf("*    2.填空题                         * \n");
    printf("*    3.判断                           * \n");
    printf("*    4.编程题                         * \n");
    printf("* * * * * * * * * * * * * * * * * * * * \n");
    printf("从1~ 4中选择按键:\n");                                  /* 输出提示信息*/
}
```

【程序说明】

清屏使用 system("cls")函数,该函数的原型在 stdlib.h 中,所以要引用头文件 stdlib.h。

实例 3　计算长方形的周长

【问题描述】

已知长方形的长为 4,宽为 5,计算长方形的周长并输出。运行结果如图 3-3所示。

长=4，宽=5，周长=18
请按任意键继续. . .

图 3-3　计算长方形的周长

【程序代码】

```
#include <stdio.h>
void main()
{
    int a,b,c;
    a=4;
    b=5;
    c=2*(a+b);
    printf("长=%d,宽=%d,周长=%d\n",a,b,c);
}
```

第 4 章　数 据 描 述

实例 1　输出数值型常量

【问题描述】

分别以十进制、八进制、十六进制的形式输出 123，以浮点数的形式输出以标准十进制和科学型表示的 123.4，输出长整型数 1234567。运行结果如图 4-1 所示。

图 4-1　输出数值型常量

【程序代码】

```c
#include <stdio.h>
void main()
{
    printf("%d,%d,%d\n",0123,0x123,123);        /* 以整型形式输出*/
    printf("%f,%f\n",123.4,1.234e2);            /* 以浮点型形式输出*/
    printf("%ld\n",1234567L);                   /* 以长整型形式输出*/
}
```

【程序说明】

整型常量可用十进制、八进制、十六进制三种形式表示，其中具体的形式为：十进制常量没有前缀，八进制常量的前缀为 0，十六进制常量的前缀为 0x 或者 0X。

实例 2　变量的赋值和输出

【问题描述】

定义若干不同类型的变量，并给这些变量赋值，然后输出这些变量的值。运行结果如图 4-2 所示。

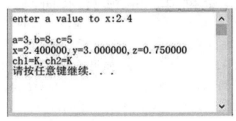

图 4-2　变量的赋值和输出

【程序代码】

```
#include <stdio.h>
void main()
{
    int a=3;
    int b,c=5;                      /* 定义两个变量对第二个变量初始化*/
    float x,y=3,z=0.75;             /* 定义三个变量,对第二个和第三个变量初始化*/
    char ch1='K',ch2;              /* 字符型变量初始化*/
    ch2=ch1;                        /* 变量赋值*/
    printf("enter a value to x:");
    scanf("%f",&x);                 /* 变量 x 输入值*/
    b=a+c;                          /* 变量 b 保存表达式的值*/
    printf("\na=%d,b=%d,c=%d\n",a,b,c);
    printf("x=%f,y=%f,z=%f\n",x,y,z);
    printf("ch1=%c,ch2=%c\n",ch1,ch2);
}
```

实例 3　等级制成绩

【问题描述】

利用条件运算符的嵌套来完成此题:学习成绩≥＝90 分的同学等级用 A 表示,60～89 分之间的用 B 表示,60 分以下的用 C 表示,要求输入百分制成绩,输出等级。

【程序代码】

```
#include <stdio.h>
void main()
{
    int score;
    char grade;
    printf("请输入分数:");
    scanf("%d",&score);
    grade= (score>=90)?'A':((score>=60)?'B':'C');
    printf("%c\n",grade);
}
```

实例 4　水池注水问题

【问题描述】

有 4 个水渠(A,B,C,D)向一个水池注水,如果单开 A,3 天可以注满;如果单开 B,1 天可以注满;如果单开 C,4 天可以注满;如果单开 D,5 天可以注满。如果 A,B,C,D 4 个水渠同时注水,注满水池需要几天? 运行结果如图 4-3 所示。

【程序代码】

```
#include <stdio.h>
void main()
```

图 4-3　小池注水问题

```
{
    float a=3,b=1,c=4,d=5,day;
    day=1/(1/a+1/b+1/c+1/d);            /* 计算四渠同时注水多久可以注满 */
    printf("需要%.2f 天!\n",day);        /* 结果保留两位小数 */
}
```

实例5　逻辑优化问题

【问题描述】

练习逻辑表达式,注意&&(逻辑与)运算和||(逻辑或)运算的逻辑优化问题。运行结果如图4-4所示。

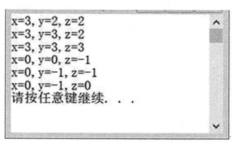

图 4-4　逻辑优化问题

【程序代码】

```
#include <stdio.h>
void main()
{
    int x,y,z;
    x=y=z=2;
    ++x||++y&&++z;
    printf("x=%d,y=%d,z=%d\n",x,y,z);
    x=y=z=2;
    ++x&&++y||++z;
    printf("x=%d,y=%d,z=%d\n",x,y,z);
    x=y=z=2;
    ++x&&++y&&++z;
    printf("x=%d,y=%d,z=%d\n",x,y,z);
    x=y=z=-1;
    ++x||++y&&++z;
    printf("x=%d,y=%d,z=%d\n",x,y,z);
```

```
x=y=z=-1;
++x && ++y&&++z;
printf("x=%d,y=%d,z=%d\n",x,y,z);
x=y=z=-1;
++x && ++y||++z;
printf("x=%d,y=%d,z=%d\n",x,y,z);
}
```

实例 6   字符串常量的输出

【问题描述】

用 5 种格式输出字符串"hello c world"。运行结果如图 4-5 所示。

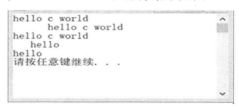

图 4-5   字符串常量的输出

【程序代码】

```
#include "stdio.h"
void main()
{
  printf("%s\n","hello c world");
  printf("%20s\n","hello c world ");
  printf("%-20s\n","hello c world ");
  printf("%8.5s\n","hello c world ");
  printf("%-8.5s\n","hello c world ");
}
```

第 5 章 顺序结构程序设计

实例 1 计算三角形的面积

【问题描述】

输入三角形的三条边 a,b,c,输出三角形面积。计算三角形面积的公式为

$$area = \sqrt{s \times (s-a) \times (s-b) \times (s-c)} \ ,$$

其中,$s = (a+b+c)/2$

【程序代码】

```c
#include <stdio.h>
#include <math.h>
void main()
{
    float edge1, edge2,edge3;
    float s;
    double area;
    printf("Please input 3 edge's length: ");
    scanf("%f%f%f", &edge1, &edge2, &edge3);
    s=(edge1+edge2+edge3)/2;
    area=sqrt(s*(s-edge1)*(s-edge2)*(s-edge3));
    printf("The area is: %f\n",area);
}
```

实例 2 求学生总成绩和平均成绩

【问题描述】

从键盘输入 3 个学生的成绩,输出这 3 个学生的总成绩和平均成绩。

【程序代码】

```c
#include <stdio.h>
void main()
{
    int a,b,c,sum;
    float ave;
    printf("请输入三个学生的分数:\n");        /* 输出提示信息*/
    scanf("%d%d%d",&a,&b,&c);               /* 输入三个学生的成绩*/
    sum=a+b+c;                              /* 求总成绩 */
    ave=sum/3.0;                            /* 求平均成绩 */
    printf("总成绩=%4d\t,平均成绩=%5.2f\n",sum,ave);
}
```

实例 3 小 数 分 离

【问题描述】

利用数学函数实现以下功能：从键盘中输入一个小数，将其分解成整数部分和小数部分，并将其显示在屏幕上。

【程序代码】

```
#include <stdio.h>
#include <math.h>
void main()
{
    float number;
    double f,i;
    printf("input the number:");
    scanf("%f",&number);                /* 输入要分解的小数*/
    f=modf(number,&i);                  /* 调用 modf 函数进行分离*/
    printf("%f=%.0f+%f\n",number,i,f);  /* 将分离后的结果按指定格式输出*/
}
```

【程序说明】

从键盘中输入要分离的小数并赋给变量 number，使用 modf() 函数将该小数分解，将分解出的小数部分作为函数返回值赋给 f，整数部分赋给 i，最终将分解出的结果按指定格式输出。程序中用到了 modf() 函数，其语法格式如下：

```
double modf(double num,double* i);
```

该函数的作用是把 num 分解成整数部分和小数部分，该函数的返回值为小数部分，把分解出的整数部分存放到由 i 所指的变量中。该函数的原型在 math.h 中。

实例 4 求 直 角 三 角 形 的 斜 边

【问题描述】

利用数学函数实现以下功能：输入直角三角形的两个直角边，输出对应的斜边的长度。

【程序代码】

```
#include <stdio.h>
#include <math.h>
void main()
{
    float a,b,c;
    printf("please input two orthogonal sides:\n");
    scanf("%f,%f",&a,&b);           /* 从键盘中输入两个直角边*/
    c=hypot(a,b);                   /* 调用 hypot 函数,返回斜边值赋给 c*/
    printf("hypotenuse is:%f\n",c); /* 将斜边值输出*/
}
```

【程序说明】

　　从键盘中任意输入直角三角形的两边并分别赋给变量 a 和 b，使用 hypot( ) 函数求出直角三角形的斜边长并将其输出。程序中用到了 hypot( ) 函数，其语法格式如下：

```
double hypot(double a,double b);
```

　　该函数的作用是对给定的直角三角形的两个直角边求其斜边的长度，函数的返回值为对应的斜边值。该函数的原型在 math.h 中。

第 6 章 选择结构程序设计

实例 1 模拟考试系统

【问题描述】

在实例 2 的基础上,根据用户的输入提示所选择的内容。运行结果如图 6-1 所示。

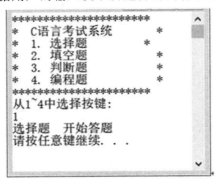

图 6-1 模拟考试系统

【程序代码】

```
#include <stdio.h>
#include <stdlib.h>
void main()
{
    int button;
    system("cls");                                          /* 清屏 */
    printf("* * * * * * * * * * * * * * * * * * * * \n");    /* 输出普通字符 */
    printf("*  C语言考试系统                      * \n");
    printf("*  1. 选择题                          * \n");
    printf("*  2. 填空题                          * \n");
    printf("*  3. 判断题                          * \n");
    printf("*  4. 编程题                          * \n");
    printf("* * * * * * * * * * * * * * * * * * * * \n");
    printf("从 1~ 4 中选择按键:\n");                         /* 输出提示信息 */
    scanf("%d",&button);                                    /* 输入用户的选择 */
    switch(button)                                          /* 根据 button 的值决定输出结果 */
    {
    case 1:
        printf("选择题 开始答题");
        break;
    case 2:
        printf("填空题 开始答题");
        break;
```

```
    case 3:
        printf("判断题 开始答题");
        break;
    case 4:
        printf("编程题 开始答题");
        break;
    default:
        printf("\n 输入错误 ！\n");                    /* 其他情况 */
        break;
     }
    printf("\n");
}
```

实例2　飞机行李托运

【问题描述】

设计简单的飞机行李托运计费系统。假设飞机上个人托运行李的条件是：行李重量在 20 kg 以下免费托运；20～30 kg 超出 20 kg 的部分 30 元/kg；30～40 kg 超出 30 kg 的部分 40 元/kg；40～50 kg 超出 40 kg 的部分 50 元/kg；50 kg 以上不允许携带。运行结果如图 6-2 所示。

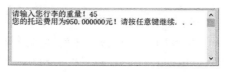

图 6-2　飞机行李托运

【程序代码】

```c
# include <stdio.h>
void main()
{
    float weight, price;
    printf("请输入您行李的重量!");
    scanf("%f",&weight);
    if (weight<0)
    {
        printf("您输入的数据有误!");
    }
    else if (weight<=20)
    {
        printf("您可以免费托运行李!");
    }
    else if (weight<=30)
    {
        price= (weight-20) * 30;
```

```
        printf("您的托运费用为%f元!",price);
    }
    else if (weight<=40)
    {
        price= (30-20)*30+(weight-30)*40;
        printf("您的托运费用为%f元!", price);
    }
    else if (weight<=50)
    {
        price= (30-20)*30+(40-30)*40+(weight-40)*50;
        printf("您的托运费用为%f元!",price );
    }
    else
    {
        printf("您托运的行李超出了最高上限,不允许托运!");
    }
}
```

实例3　计算某日是星期几

【问题描述】

输入年、月、日,输出这一天是星期几。根据历法原理,计算公式为:
$$S=x-1+((x-1)/4)-((x-1)/100)+((x-1)/400)+C$$
其中,x 是年份,C 是从这一年的元旦到这天为止(包括这一天在内)的天数,式中三个分式只取商的整数部分,余数略去不计。求出 S 后再用 7 除,如果能整除,这一天是星期日;若余数是 1,这一天是星期一;余数为 2,这一天是星期二,以此类推。运行结果如图 6-3 所示。

图 6-3　计算某日是星期几

【程序代码】

```
#include <stdio.h>
void main()
{
    int a,b,c,d,s,z;
    printf("请输入年月日 yyyy,mm,dd:");
    scanf("%d,%d,%d",&a,&b,&c);
    if((a%4==0&&a%100!=0)||(a%400==0))
    /* 判断是否闰年,如果是闰年,2月份29天,否则28天*/
```

```
    {
      if(b==1)d=c;
      if(b==2)d=c+31;
      if(b==3)d=c+60;
      if(b==4)d=c+91;
      if(b==5)d=c+121;
      if(b==6)d=c+152;
      if(b==7)d=c+182;
      if(b==8)d=c+213;
      if(b==9)d=c+244;
      if(b==10)d=c+274;
      if(b==11)d=c+305;
      if(b==12)d=c+335;
    }
    else
    {
      if(b==1)d=c;
      if(b==2)d=c+31;
      if(b==3)d=c+59;
      if(b==4)d=c+90;
      if(b==5)d=c+120;
      if(b==6)d=c+151;
      if(b==7)d=c+181;
      if(b==8)d=c+212;
      if(b==9)d=c+243;
      if(b==10)d=c+273;
      if(b==11)d=c+304;
      if(b==12)d=c+334;
    }
    s=a-1+(a-1)/4-(a-1)/100+(a-1)/400+d;
    z=s%7;
    if(z==0)printf("这一天为星期天。\n");
    if(z==1)printf("这一天为星期一。\n");
    if(z==2)printf("这一天为星期二。\n");
    if(z==3)printf("这一天为星期三。\n");
    if(z==4)printf("这一天为星期四。\n");
    if(z==5)printf("这一天为星期五。\n");
    if(z==6)printf("这一天为星期六。\n");
}
```

实例4　饮料贩卖机

【问题描述】

　　创建简单的饮料贩卖机程序。用户可以选择相应的商品,输入购买的数量,根据不同的商品,系统提示不同的商品价格,并计算出用户需支付的金额。运行结果如图 6-4 所示。

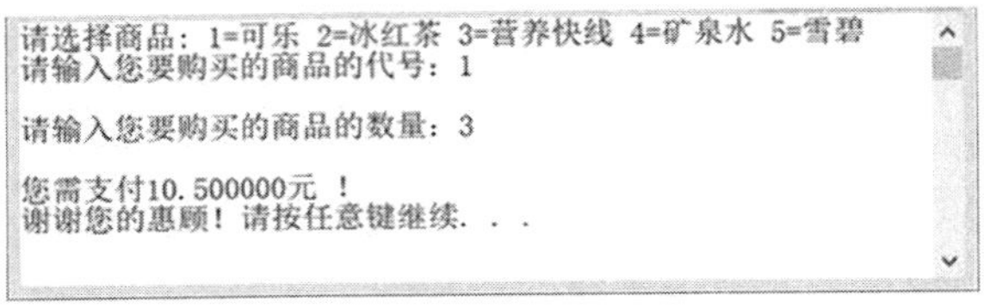

图 6-4　饮料贩卖机

【程序代码】

```c
#include <stdio.h>
void main()
{
    printf("请选择商品：1= 可乐 2= 冰红茶 3= 营养快线 4= 矿泉水 5= 雪碧");
    printf("\n请输入您要购买的商品的代号:");
    int n,m;                          //用于存储商品代号和数量
    scanf("%d",&n);                   //等待用户输入数字
    printf("\n请输入您要购买的商品的数量:");
    scanf("%d",&m);
    float price=0;                    //用来存储顾客消费的金额
    switch (n)
    {case 1:
        price=3.5;
        break;
    case 2:
        price=2.5;
        break;
    case 3:
        price=4.5;
        break;
    case 4:
        price=1.0;
        break;
    case 5:
        price=3.5;
        break;
    default:
        printf("您选择商品有误!");
        break;
    }
    if(price!=0)
        printf("\n您需支付%f元 !", price*m);
    printf("\n谢谢您的惠顾!");
}
```

第7章 循环结构程序设计

实例 1 猜数字游戏

【问题描述】

编程实现"猜数字"游戏。随机生成一个 0～100 的整数，要求用户来猜，如果用户输入的数字比这个随机数大，计算机提示"太大"，反之提示"太小"，当用户正好猜中，计算机提示"恭喜，这个数字是"。运行结果如图 7－1 所示。

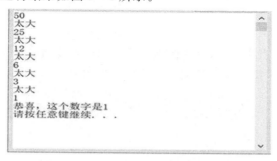

图 7－1　猜数字游戏

【程序代码】

```c
#include <stdio.h>
#include <time.h>
#include <stdlib.h>
void main()
{
  int x,y;
  time_t t=time(NULL);              /* 获取系统时间*/
  srand(t);                         /* 以系统时间来设置随机数种子*/
  x=rand()%101;                     /* 获取 0～100 的随机整数*/
  while(1)
  {
    scanf("%d",&y);
    if(x<y)
      printf("太大\n");
    else if(x>y)
      printf("太小\n");
    else
    {
      printf("恭喜,这个数字是%d\n",y);
      break;
    }
  }
}
```

```
}
```

【程序说明】

随机数函数 rand() 用于产生伪随机数,需要包含头文件 stdlib.h。使用的格式为:

```
A=rand()% x+y;
```

自动产生一个以 y 为下限,以 x+y+1 为上限的随机数,并把值赋给 A。即 A 为 y 到 x+y+1 之间的随机数。使用 rand() 时,如果不设定随机数序列种子则随机数序列相同。为了获得不同的伪随机数序列,可以使用函数 void srand(unsigned int seed) 设置伪随机数序列的种子,该函数同样需要包含头文件 stdlib.h。一般使用时间作为种子。

实例 2 小球下落问题

【问题描述】

一球从 100 米高处自由落下,每次落地后反弹回原高度的一半,再落下。求它在第十次落地时,共经过多少米? 第十次反弹多高? 运行结果如图 7-2 所示。

图 7-2 小球下落问题

【程序代码】

```c
#include <stdio.h>
 void main()
{
  float i,h=100,s=100;
  for(i=1;i<=9;i++)            /*i的范围从1到9表示小球从第二次落地到第十次落地*/
  {
    h=h/2;                     /* 每落地一次弹起高度变为原来一半*/
    s+=h*2;                    /* 累积的高度和加上下一次落地后弹起与下落的高度*/
  }
  printf("总长度是:%f\n",s);
  printf("第十次落地后弹起的高度是:%f",h/2);
  printf("\n");
}
```

【程序说明】

本实例的要点是分析小球每次弹起的高度与落地次数之间的关系。小球从 100 米高处自由下落,当第一次落地时经过了 100 米,这个可单独考虑。从第一次弹起到第二次落地前经过的路程为前一次弹起最高高度的一半乘以 2,加上前面经过的路程。因为每次都有弹起和下落两个过程,其经过的路程相等,故乘以 2。依此类推,到第十次落地前,共经过了 9 次这样的过程,所以 for 循环执行循环体的次数是 9 次。题目中还提到了第十次反弹的高度,这个只需在输出时用第九次弹起的高度除以 2 即可。

实例 3　验证数列极限

【问题描述】

编程验证数列 $1/2, 2/3, 3/4, \cdots, n/n+1, \cdots$ 的极限是 1。运行后部分结果如图 7-3 所示。

图 7-3　验证数列极限

【程序代码】

```
#include <stdio.h>
#include <math.h>
void main()
{
  float n;
  double sum1,sum2;
  for (n=1.0;n<1000;n++)
  {
    sum2=n/(n+1.0);
    printf("%f\n",sum2);
  }
}
```

【程序说明】

验证方法：从 n=1 开始，一项一项算，直到 n=1000；因为此数列收敛得慢，计算项数太少，趋势不明显。

实例 4　一数三平方

【问题描述】

有这样一个六位数，它本身是一个整数的平方，其高三位和低三位也分别是一个整数的平方，如 $225625 = 475^2$，求满足上述条件的所有六位数。运行结果如图 7-4 所示。

【程序代码】

```
#include <stdio.h>
#include <math.h>
void main()
```

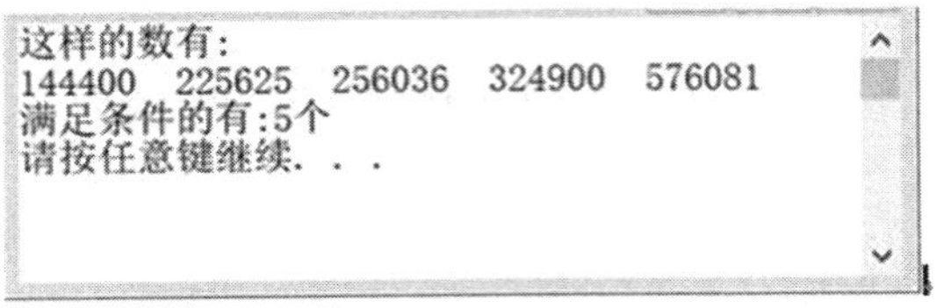

图 7-4　一数三平方

```
{
  long i,n,n1,n2,n3,n4,count=0;
  printf("这样的数有:\n");
  for (i=100000;i<=999999;i++)
  {
    n=(long)sqrt((float)i);          /* 对 i 值开平方得到一个长整型数值 n */
    if (i==n*n)                      /* 判断 n 的平方是否等于 i */
    {
      n1=i/1000;                     /* 求出高三位数 */
      n2=i%1000;                     /* 求出低三位数 */
      n3=(long)sqrt((float)n1);      /* 对 n1 值开平方得到一个长整型数值 n3 */
      n4=(long)sqrt((float)n2);      /* 对 n2 值开平方得到一个长整型数值 n4 */
      if(n1==n3*n3&&n2==n4*n4)
      /* 判断是否同时满足 n1 等于 n3 的平方,n2 等于 n4 的平方 */
      {
        count++;
        printf("%ld",i);
      }
    }
  }
  printf("\n 满足条件的有:%d个",count);
  printf("\n");
}
```

【程序说明】

利用 for 循环对 100000～999999 之间的所有数按条件进行试探,对满足条件的数将其输出到屏幕上,并用变量 count 记录满足条件的数的个数。程序中用到了 sqrt()函数,其语法格式如下:

```
double sqrt(double num);
```

该函数要求 num 为 float 或者 double 型,函数的作用是返回参数 num 的平方根,sqrt 的返回值是一个 double 型,程序中将 sqrt 的返回值强制转换成长整型,这样会使开平方后得到的小数(小数点后不为 0)失去其小数点后面的部分,那么,再对这个强制转换后的数再平方,所得结果将不会等于原来开平方前的数。若开平方后得到的小数其小数点后的部分为 0,则将其强制转换为长整型也不会产生数据流失,那么再对这个强制转换后的数再平方所得的结果就将等于原来开平方前的数。利用这个方法就可以很好地判断出一个数开平方后得到的数是否是整数。

实例 5　求等差数列

【问题描述】

幼儿园老师给学生由前向后发糖果,每个学生得到的糖果数目成等差数列,前 4 个学生得到的糖果数目之和是 26,积是 880,编程求前 20 名学生每人得到的糖果数目。运行结果如图 7-5 所示。

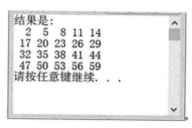

图 7-5　求等差数列

【程序代码】

```c
#include <stdio.h>
 void main()
 {
   int j,number,n;
   for (number=1;number<6;number++)        /* 对 1 到 5 之间的数进行穷举 */
     for (n=1;n<4;n++)                      /* 对 1 到 3 之间的数进行穷举 */
       if ((4*number+6*n==26)&&(number*(number+n)*(number+2*n)*(number+3*n))
       ==880)                               /* 判断是否满足题中条件 */
       {
         printf("结果是:\n");
         for (j=1;j<=20;j++)
         {
           printf("%3d",number);
           number+=n;
           if (j%5==0)                      /* 每输出 5 个进行换行 */
             printf("\n");
         }
       }
 }
```

【程序说明】

本实例在编写程序前,要先确定这个等差数列的首项及公差的取值范围,因为数字范围比较小,可以通过手工来计算,很容易确定出等差数列首项的范围是 1~6 之间(不包括 6),公差的取值范围是 1~4 之间(不包括 4)。在确定了首项和公差之后,便可用 for 语句进行穷举,对满足 if 语句中条件的按指定格式输出,否则进行下次循环。

实例 6　亲　密　数

【问题描述】

如果整数 A 的全部因子(不包括 A)之和等于 B,且整数 B 的全部因子(不包括 B)之和等于 A,则将 A 和 B 称为亲密数,如 220 的全部因子(不包括 220)之和:1+2+4+5+10+11+20+22+44+55+110 等于 284,284 的全部因子(不包括 284)之和:1+2+4+71+142 等于 220,故 220 和 284 为亲密数。求 10000 以内的所有亲密数。运行结果如图 7-6 所示。

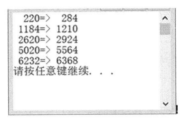

图 7-6 亲密数

【程序代码】

```c
#include <stdio.h>
void main()
{
    int i,j,k,sum1,sum2;
    for (i=1;i<=10000;i++)
    {
        sum1=0;
        sum2=0;
        for(j=1;j< i;j++)
            if (i%j==0)                    /* 判断 j 是否是 i 的因子 */
                sum1+=j;                   /* 求因子的和 */
        for (k=1;k< sum1;k++)
            if (sum1%k==0)                 /* 判断 k 是否是 sum1 的因子 */
                sum2+=k;                   /* 求因子和 */
        if (sum2==i&&i!=sum1&&i< sum1)
            printf("%5d=>%5d\n",i,sum1);
    }
}
```

【程序说明】

采用穷举法对 10 000 以内的数逐个求因子,并求出所有因子之和 sum1,再对所求出的和 sum1 求因子,并再次求所有因子之和 sum2,此时按亲密数的要求进行进一步筛选,求出最终结果。

实例 7 新郎和新娘

【问题描述】

3 对情侣参加婚礼,3 个新郎为 A,B,C,3 个新娘为 X,Y,Z,有人想知道究竟谁与谁结婚,于是就问新人中的三位,得到如下结果:A 说他将和 X 结婚;X 说她的未婚夫是 C;C 说他将和 Z 结婚。这人事后知道他们在开玩笑,说的全是假话。那么,究竟谁与谁结婚呢?
运行结果如图 7-7 所示。

图 7-7　新郎和新娘

【程序代码】

```c
#include <stdio.h>
void main()
{
    char x,y,z;    for(x='A';x<='C';x++)                    /* 穷举 x 的所有可能*/
      for(y='A';y<='C';y++)                                /* 穷举 y 的所有可能*/
        for(z='A';z<='C';z++)                              /* 穷举 z 的所有可能*/
          if(x!='A'&&x!='C'&&z!='C'&&x!=y&&x!=z&&y!=z)
             /* 如果表达式为真,则输出结果,否则继续下次循环*/
          {
            printf("结果为:\n");
            printf("新娘 X 与新郎%c 结婚。\n",x);
            printf("新娘 Y 与新郎%c 结婚。\n",y);
            printf("新娘 Z 与新郎%c 结婚。\n",z);
          }
}
```

【程序说明】

用 x='A' 表示新郎 A 和新娘 X 结婚,同理如果新郎 A 不与新娘 X 结婚则写成
x! ='A',根据题意得到如下表达式:

x! ='A'　　　　A 不与 X 结婚

x! ='C'　　　　C 不与 X 结婚

z! ='C'　　　　C 不与 Z 结婚

在分析题意时还发现题中隐含的条件,即 3 个新娘不能互为配偶,则有 x! =y 且 x! =z
且 y! =z。穷举所有可能的情况,代入上述表达式进行推理运算。如果假设的情况使上述
表达式的结果为真,则假设的情况就是正确的结果。

实例 8　尼科彻斯定理

【问题描述】

尼科彻斯定理:任何一个整数的立方都可以写成一串连续奇数的和。编程验证该定理,
例如,输入 5,输出 5 * 5 * 5＝125＝29＋27＋25＋23＋21。

【程序代码】

```c
#include <stdio.h>
```

```c
void main()
{
  int i,j,k=0,l,n,m,sum,flag=1;
  printf("请输入一个数:\n");
  scanf("%d",&n);
  m=n*n*n;
  i=m/2;
  if (i%2==0)                          /* 当i为偶数时i值加1*/
    i=i+1;
  while (flag==1&&i>=1)
  {
    sum=0;
    k=0;
    while (1)
    {
      sum+=(i-2*k);                     /* 奇数累加求和*/
      k++;
      if(sum==m)                        /* 如果sum与m相等,则输出累加过程*/
      {
        printf("%d*%d*%d=%d=",n,n,n,m);
        for (l=0;l<k-1;l++)
          printf("%d+",i-l*2);
        printf("%d\n",i-(k-1)*2);       /* 输出累加求和的最后一个数*/
        flag=0;
        break;
      }
      if (sum>m)
        break;
    }
    i-=2;                               /*i等于下一个奇数,继续上面过程*/
  }
}
```

【程序说明】

解决本实例的关键是,先确定这串连续奇数的最大值的范围。可以这样分析,任何整数的立方值(这里设为 sum)的一半(这里设为 x)如果是奇数,则 x+x+2 的值一定大于 sum,那么这串连续奇数的最大值不会超过 x;如果 x 是偶数,则需把它变成奇数,那么变成奇数到底是加 1、减 1 还是其他呢? 这里选择加 1,因为 x+1+x-1 正好等于 sum,所以当 x 是偶数时,这串连续奇数的最大值不会超过 x+1。确定了范围后就可以从最大值开始进行穷举。

实例 9　黑纸与白纸

【问题描述】

有 A、B、C、D、E 5 个人，每人额头上都贴了一张黑色或白色的纸条。5 个人对坐，每人都可以看到其他人额头上的纸的颜色，但都不知道自己额头上的纸的颜色。5 个人相互观察后，

A 说："我看见有 3 个人额头上贴的是白纸，1 个人额头上贴的是黑纸。"

B 说："我看见其他 4 个人额头上贴的都是黑纸。"

C 说："我看见有 1 个人额头上贴的是白纸，其他 3 个人额头上贴的是黑纸。"

D 说："我看见 4 个人额头上贴的都是白纸。"

E 说："我不发表观点。"

现在已知额头贴黑纸的人说的都是谎话，额头贴白纸的人说的都是实话，问这 5 个人谁的额头上贴的是白纸，谁的额头上贴的是黑纸。运行结果如图 7-8 所示。

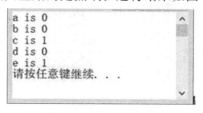

图 7-8　黑纸与白纸

【程序代码】

```c
#include <stdio.h>
void main()
{
  int a,b,c,d,e;
  for(a=0;a<=1;a++)                    /* 对 a、b、c、d、e 穷举贴黑纸和白纸的所有可能 */
    for(b=0;b<=1;b++)
      for(c=0;c<=1;c++)
        for(d=0;d<=1;d++)
          for(e=0;e<=1;e++)
            if((a&&b+c+d+e==3||!a&&b+c+d+e!=3)&&(b&&a+c+d+e==0||!b&&a+c+d+e!=0)&&
(c&&a+b+d+e==1||!c&&a+b+d+e!=1)&&(d&&a+b+c+e==4||!d&&a+b+c+e!=4))
                    /* 列出相应条件 */
                    {
                      printf("0-黑纸,1-白纸\n");
                      printf("a is%d\nb is%d\nc is%d\nd is%d\ne is%d\n",a,b,c,d,e);
                    }
}
```

【程序说明】

根据实例中给的条件分析结果如下。

A：a&&b+c+d+e==3||!a&&b+c+d+e!=3

B：b&&a+c+d+e==0||!b&&a+c+d+e!=0

C：c&&a+b+d+e==1||!c&&a+b+d+e!=1

D：d&&a+b+c+e==4||!d&&a+b+c+e!=4

在编程时只需穷举每个人额头上所贴的纸的颜色(程序中 0 代表黑色，1 代表白色)，将上述表达式作为条件即可。

实例 10　求圆周率 π

【问题描述】

用圆内接正多边形的方法求圆周率 π。在一个半径为 1 的圆内依次做一个圆内接正三角形、正方形、正五边形、正六边形……这些正多边形的周长随着边数的增加逐渐接近 2π，而面积随着边数的增加逐渐接近 π。运行结果如图 7-9 所示。

```
n=146  l=6.28270044420  s=3.14062300574
n=147  l=6.28270701829  s=3.14063615211
n=148  l=6.28271345957  s=3.14064903293
n=149  l=6.28271977161  s=3.14066165530
n=150  l=6.28272595783  s=3.14067402610
n=151  l=6.28273202155  s=3.14068615197
n=152  l=6.28273796600  s=3.14069803932
n=153  l=6.28274379427  s=3.14070969438
n=154  l=6.28274950937  s=3.14072112316
n=155  l=6.28275511423  s=3.14073233147
n=156  l=6.28276061164  s=3.14074332495
n=157  l=6.28276600434  s=3.14075410905
```

图 7-9　求圆周率 π

【程序代码】

```c
#include <stdio.h>
#include <math.h>
void main()
{
  int n;
  double s,l,pi,r;
  pi=3.14159265;
  r=1.0;
  for (n=3;n<=192;n++)
  {
    s=0.5*n*r*r*sin(2.0*pi/n);
    l=2.0*n*r*sin(2.0*pi/n/2.0);
    printf("n=%d",n);
    printf("l=%1.11f s=%1.11f\n",l,s);
  }
}
```

实例 11　计 算 e 值

【问题描述】

用公式 $\lim\limits_{n\to\infty}=\left(1+\dfrac{1}{n}\right)^n=e$ 计算 e 值。运行后部分结果如图 7-10 所示。

【程序代码】

```c
#include <stdio.h>
#include <math.h>
void main()
```

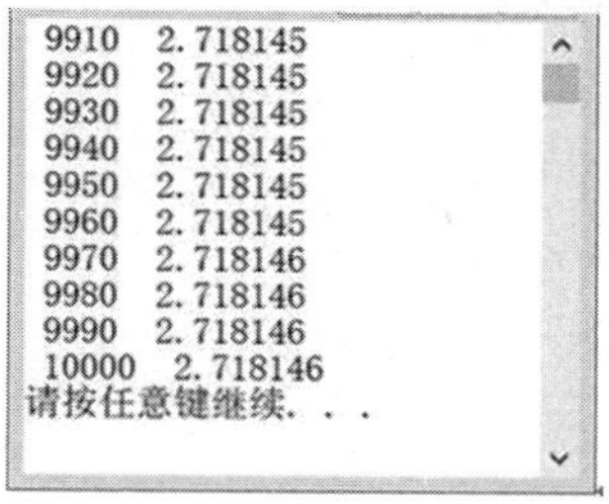

图 7-10 计算 e 值

```
{
  int i;
  double sum1,sum2;
  for (i=1;i<=10;i++)
  {
    sum1=(1.0+(1.0/i));
    sum2=pow(sum1,i);
    printf("%d%f\n",i,sum2);
  }
  for (i=90;i<=100;i++)
  {
    sum1=(1.0+(1.0/i));
    sum2=pow(sum1,i);
    printf("%d%f\n",i,sum2);
  }
  for (i=900;i<=1000;i=i+10)
  {
    sum1=(1.0+(1.0/i));
    sum2=pow(sum1,i);
    printf("%d%f\n",i,sum2);
  }
  for (i=9900;i<=10000;i=i+10)
  {
    sum1=(1.0+(1.0/i));
    sum2=pow(sum1,i);
    printf("%d%f\n",i,sum2);
  }
}
```

实例 12 分解质因数

【问题描述】

输入一个正整数,将其分解质因数。例如:输入 90,打印出 90=2 * 3 * 3 * 5。

【程序代码】

```
#include <stdio.h>
```

```
void main()
{
    int n,i;
    printf("please input a number:\n");
    scanf("%d",&n);
    printf("%d=",n);
    for(i=2;i<=n;i++)
        while(n!=i)
        {
            if(n%i==0)
            {
                printf("%d*",i);
                n=n/i;
            }
            else
                break;
        }
    printf("%d",n);
}
```

【程序说明】

对正整数 n 进行分解质因数,应先找到一个最小的质数 i,然后按下述步骤完成:

①如果这个质数恰等于 n,则说明分解质因数的过程已经结束,输出即可。

②如果 n 不等于 i,但 n 能被 i 整除,则应输出 i 的值,并用 n 除以 i 的商,作为新的正整数 n,重复执行步骤①。

③如果 n 不能被 i 整除,则用 i+1 作为 i 的值,重复执行步骤①。

实例 13 特 殊 整 数

【问题描述】

一个整数,它加上 100 后是一个完全平方数,再加上 168 又是一个完全平方数,请问该数是多少? 运行结果如图 7-11 所示。

图 7-11 特殊整数

【程序代码】

```
#include "math.h"
#include "stdio.h"
void main()
{
    float i,x,y;
```

```
  for (i=1;i<100000;i++)
  {
    x=sqrt(i+100);                       /* x 为加上 100 后开方后的结果 */
    y=sqrt(i+168);                       /* y 为再加上 168 后开方后的结果 */
    if(x*x==i+100&&y*y==i+168)
    /* 如果一个数的平方根的平方等于该数,这说明此数是完全平方数 */
    printf("\n%.0f\n",i);
  }
}
```

实例 14　彩 球 问 题

【问题描述】

在一个袋子里装有三色彩球,其中红色球有 3 个,白色球也有 3 个,黑色球有 6 个,问当从袋子中取出 8 个球时共有多少种可能的方案。编程实现将所有可能的方案编号输出在屏幕上。运行结果如图 7-12 所示。

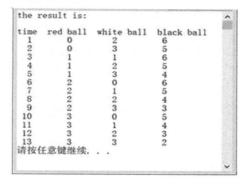

图 7-12　彩球问题

【程序代码】

```
#include <stdio.h>
void main()
{
  int i,j,count;
  puts("the result is:\n");
  printf("time  red ball  white ball  black ball\n");
  count=1;
  for(i=0;i<=3;i++)                      /* 红球数量范围 0 到 3 之间 */
  {
    for(j=0;j<=3;j++)                    /* 白球的数量范围 0 到 3 之间 */
    {
      if((8-i-j)<=6)                     /* 判断要取黑色球的数量是否在 6 个以内 */
        printf("%3d%8d%9d%10d\n",count++,i,j,8-i-j);
        /* 输出各种颜色球的数量 */
    }
```

```
    }
}
```

【程序说明】

　　本实例要先确定各种颜色球的范围,红球和白球的范围根据题意可知均是大于等于 0 小于等于 3,不同的是本实例将黑球的范围作为 if 语句中的判断条件,即要取出的球的总数 8 减去红球及白球的数目所得的差应小于黑球的总数目 6。

实例 15　求总数问题

【问题描述】

　　集邮爱好者把所有邮票存放在 3 个集邮册中,在 A 册内存放全部的 2/10,在 B 册内存放不知道是全部的七分之几,在 C 册内存放 303 张邮票,问这位集邮爱好者的邮票总数是多少? 每册中各有多少邮票? 运行结果如图 7-13 所示。

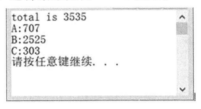

图 7-13　求总数问题

【程序代码】

```c
#include <stdio.h>
void main()
{
  int a,b,c,x,sum;
  for(x=1;x<=5;x++)                          /* x 的取值范围从 1 到 5*/
  {
    if(10605%(28-5*x)==0)                     /* 满足条件的 x 值即为所求*/
    {
      sum=10605/(28-5*x);                      /* 计算出邮票总数*/
      a=2*sum/10;                              /* 计算 a 集邮册中的邮票数*/
      b=5*sum/7;                               /* 计算 b 集邮册中的邮票数*/
      c=303;                                   /*c 集邮册中的邮票数*/
      printf("totalis%d\n",sum);
      printf("A:%d\n",a);
      printf("B:%d\n",b);
      printf("C:%d\n",c);
    }
  }
}
```

【程序说明】

　　根据题意可设邮票总数为 sum,A 册内存放全部的 2/10,B 册内存放全部的 x/7,C 册内存放 303 张邮票,则可列出 sum＝2＊sum/10＋x＊sum/7＋303,经简化可得 sum＝10605/(28−5＊x)。从简化的等式来看可以确定出 x 的取值范围是 1～5,还有一点要明确,邮票的数量一定是整数不可能出现小数或其他,这就要求 x 必须要满足 10605％(28−5＊x)＝＝0。

实例 16　灯　塔　数　量

【问题描述】

有一八层灯塔,每层的灯数都是上一层的 2 倍,共有 765 盏灯,编程求最上层与最下层的灯数。运行结果如图 7−14 所示。

图 7−14　灯塔数量

【程序代码】

```
# include <stdio.h>
void main()
{
  intn=1,m,sum,i;
  while(1)
  {
    m=n;                                    /*m 存储一楼灯的数量*/
    sum=0;
    for(i=1;i<8;i++)
    {
      m=m*2;                                /* 每层楼灯的数量是上一层的 2 倍*/
      sum+=m;                               /* 计算出除一楼外灯的总数*/
    }
    sum+=n;                                 /* 加上一楼灯的数量*/
    if(sum==765)
    {
      printf("the first floor has%d\n",n);  /* 输出一楼灯的数量*/
      printf("the eight floor has %d\n",m); /* 输出八楼灯的数量*/
      break;
    }
    n++;                                    /* 灯的数量加 1,继续下次循环*/
  }
}
```

【程序说明】

通过对 n 的穷举,探测满足条件的 n 值。在计算灯的总数时,先计算二楼到八楼灯的总数,再将计算出的和加上一楼灯的数量,这样就求出了总数。当然,也可以将一楼灯的数量赋给 sum 之后再加上二楼到八楼灯的数量。

实例 17　气压与高度

【问题描述】

编程计算气压随高度的变化。根据等温气压公式:

$$P = P_0 e^{kx}$$

可以求出任意高度的气压值。式中 $P_0 = 760$ mmHg,是海拔为 0 m 处的"标准大气压"。$k = -\mu gh/RT$,其中 $\mu = 2.9 \times 10^{-2}$ kg/mol,是空气的摩尔质量;$g \approx 9.8$m/s^2,是重力加速度的近似值;h 是海拔高度;$R = 8.31$ J/(mol·K),是气体常量;T 是空气的热力学温度(x 是以地平面算起的高度,P 是所求气压值)。运行后部分结果如图 7-15 所示。

```
90000. 0  0. 009705
91000. 0  0. 008563
92000. 0  0. 007555
93000. 0  0. 006666
94000. 0  0. 005881
95000. 0  0. 005189
96000. 0  0. 004579
97000. 0  0. 004040
98000. 0  0. 003564
99000. 0  0. 003145
100000. 0  0. 002775
请按任意键继续. . .
```

图 7-15　气压与高度

【程序代码】

```c
#include <stdio.h>
#include <math.h>
void main()
{
    int i;
    double k,x,p;
    k=0.029* 9.8/(8.31* (273.15));
    for (i=0;i<=100;i++)
    {
        x=i* 1000.0;
        p=760.0* exp(-k* x);
        printf("%7.1f %f\n",x,p);
    }
}
```

实例 18　银行存款问题

【问题描述】

假设银行当前整存零取五年期的年利息为 2.5%，现在某人手里有一笔钱，预计在今后的五年中每年年底取出 1000，到第五年的时候刚好取完，计算在最开始存钱的时候要存多少钱？运行结果如图 7-16 所示。

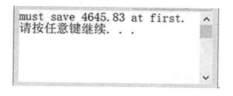

```
must save 4645.83 at first.
请按任意键继续. . .
```

图 7-16　银行存款问题

【程序代码】

```c
#include <stdio.h>
void main()
{
    int i;
    float total=0;
    for(i=0;i<5;i++)
    total=(total+1000)/(1+0.025);          /* 累计存款额 */
    printf("must save %5.2f at first.\n",total);
}
```

【程序说明】

在分析取钱和存钱的过程时，可以采用倒推的方法。如果第五年年底连本带利取出 1000，则要先求出第五年年初的存款，然后再递推第四年、第三年……的年初银行存款数。

第五年年初存款＝1000/(1＋0.025)

第四年年初存款＝(第五年年初存款＋1000)/(1＋0.025)

第三年年初存款＝(第四年年初存款＋1000)/(1＋0.025)

第二年年初存款＝(第三年年初存款＋1000)/(1＋0.025)

第一年年初存款＝(第二年年初存款＋1000)/(1＋0.025)

实例 19　绘制空心菱形

【问题描述】

输入菱形对称轴的行数，输出空心菱形图案。如：输入 5，输出以第 5 行为对称轴的空心菱形。运行结果如图 7-17 所示。

【程序代码】

```c
#include <stdio.h>
void main()
{
```

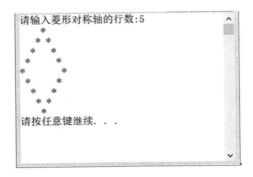

图 7-17　绘制空心菱形

```
int i,j,n;
printf("请输入菱形对称轴的行数:");
scanf("%d",&n);
/* 外层循环控制行数,从键盘输入的 n 值即为菱形上半个三角形的行数*/
for(i=1;i<=n;i++)
{
  for(j=1;j<=n+i-1;j++)
    if(j==n+1-i||j==n-1+i)
      printf("*");
    else
      printf(" ");
    printf("\n");
}
/* 外层循环控制行数,由于下半个三角形比上面的少一行,所以循环变量 i 的最大值为 n-1*/
for(i=1;i<n;i++)
{
  for(j=1;j<=2*n-1-i;j++)
    if(j==i+1||j==2*n-1-i)
      printf("*");
    else
      printf(" ");
    printf("\n");
  }
}
```

实例 20　绘制国际象棋棋盘

【问题描述】

要求输出国际象棋棋盘。运行结果如图 7-18 所示。

【程序代码】

```
# include "stdio.h"
# include "conio.h"
void main()
```

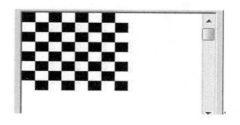

图 7-18　绘制国际象棋棋盘

```
{
    int i,j;
    for(i=0;i<8;i++)
    {
        for(j=0;j<8;j++)
            if((i+j)%2==0)
                printf("%c%c",219,219);
                /* 按字符形式输出扩展 ASCII 表中的第 219 字符,输出"■■"*/
            else
                printf("  ");
        printf("\n");
    }
    getch();
}
```

【程序说明】

国际象棋棋盘其实就是一个八乘八的矩阵或网格,在行数与列数相加为偶数的格子上显示一个字符,其余位置为空格。

实例 21　推测模糊号码

【问题描述】

一张单据上有一个 5 位数的号码为"6＊＊42",其中百位数和千位数已模糊不清,但知道这个 5 位数能被 57 和 67 除尽。编程找出该单据所有可能的号码。运行结果如图 7-19 所示。

图 7-19　推测模糊号码

【程序代码】

```
# include < stdio.h>
void main()
{
    int h, i, j;
```

```
for(i=0;i<=9;i++)
{
   for(j=0;j<=9;j++)
   {
     h=6*10000+i*1000+j*100+42;
     if(h%57==0&&h%67==0)
     { printf("号码=%d",h);
     }
   }
}
}
```

【程序说明】

由于百位数和千位数模糊不清,故每位数字都可能是 0~9,可根据此规则形成该数。已知该数能被 57 和 67 整除,故对于形成的每一个可能的数,判断它是否均能被 57 和 67 整除,若能整除则该数就是可能的号码之一。

实例 22 常 胜 将 军

【问题描述】

有火柴 21 根,两人依次取,每次每人只可取走 1~4 根,不能多取,也不能不取,谁取到最后一根火柴谁输。请编写一个人机对弈程序,要求人先取,计算机后取;计算机为"常胜将军"。运行结果如图 7-20 所示。

图 7-20 常胜将军

【程序代码】

```
#include "stdio.h"
void main()
{
   int computer ,people ,spare=21;
   printf (" - - - - - - - - - - - - - - - - - - - - - - - - - - - - \n");
```

```
    printf(" - - - - - - - - -  你不能战胜我,不信试试  - - - - - - - - \n");
    printf (" - - - - - - - - - - - - - - - - - - - - - - - - - - - \n\n");
    printf("Game begin:\n\n");
    while(1)
    {
      printf(" - - - - - - - - -  目前还有火柴%d根 - - - - - - - - - \n",spare);
      printf("People:") ;
      scanf("%d",&people);                              /* 人取火柴 */
      if(people<1||people>4||people>spare)
      {
        printf("你违规了,你取的火柴数有问题!\n\n");
        continue;
      }
      spare=spare-people;        /* 人取后,剩余的火柴数为 0,则计算机获胜,跳出循环 */
      if(spare==0)
      {
        printf("\nComputer win! Game Over!\n");
        break;
      }
      computer=5-people;                              /* 计算机取火柴 */
      spare=spare-computer;
      printf("Computer:%d\n",computer);
      /* 计算机取后,剩余的火柴数为 0,则人获胜,跳出循环 */
      if(spare==0)
      {
        printf("\nPeople win! Game Over!\n");
        break;
      }
    }
}
```

【程序说明】

要想让计算机是"常胜将军",也就是要让人取到最后一根火柴,只有一种可能,那就是让计算机只剩下 1 根火柴给人,因为此时人至少取 1 根火柴,别的情况都不能保证计算机常胜。

于是问题转化为"有 20 根火柴,两人轮流取,每人每次可以取走 1～4 根,不可多取,也不能不取,要求人先取,计算机后取,谁取到最后一根火柴谁赢。"为了计算机能够取到最后一根火柴,就要保证最后一轮抽取(人先取一次,计算机再取一次)之前剩下 5 根火柴。因为只有这样才能保证无论人怎样取火柴,计算机都能将其余的火柴全部取走。

于是问题又转化为"15 根火柴,两人轮流取,每人每次可以取走 1～4 根,不可多取,也不能不取,要求人先取,计算机后取,保证计算机取到最后一根火柴。"同样道理,为了让计算机取到最后一根火柴,就要保证最后一轮抽取(人先取一次,计算机再取一次)之前剩下 5 根火柴。

于是问题又转化为 10 根火柴的问题……以此类推。

根据以上分析,可以得出结论:21 根火柴,在人先取计算机后取,每次取 1～4 根的前提下,只要保证每一轮的抽取(人先取一次,计算机再取一次)时,人抽到的火柴数与计算机抽到的火柴数之和为 5,就可以实现计算机的常胜不败。

实例 23　掷　骰　子

【问题描述】

骰子是一个有六个面的正方体,每个面分别印有 1～6 之间的小圆点代表点数。假设这个游戏的规则是:两个人轮流掷骰子 6 次,并将每次投掷的点数累加起来,点数多者获胜,点数相同则为平局。要求编写程序模拟这个游戏的过程,并求出玩 100 盘之后谁是最终的获胜者。运行结果如图 7-21 所示。

```
甲获胜
甲获胜盘数: 56    乙获胜盘数: 37    平局盘数: 7
请按任意键继续. . .
```

图 7-21　掷骰子

【程序代码】

```c
#include <stdio.h>
#include <time.h>
#include <stdlib.h>
void main()
{
  int d1,d2,c1,c2,i,j;
  c1=c2=0;
  time_t t=time(NULL);              /* 获取系统时间 */
  srand(t);                         /* 以系统时间来设置随机数种子 */
  for (i=1;i<=100;i++)              /* 模拟游戏过程 */
  {
    d1=d2=0;
    for (j=1;j<=6;j++)              /* 两个人轮流掷骰子 */
    {
      d1=d1+rand()%6+1;
      d2=d2+rand()%6+1;
    }
    if (d1>d2)
      c1++;                         /* 累加获胜盘数 */
    else
      if(d1<d2)  c2++;
  }
  if (c1>c2)
  printf("\n甲获胜");
```

```
    else
      if (c1<c2)
        printf("\n乙获胜");
      else
        printf("\n平局");
    printf("\n甲获胜盘数:%d  乙获胜盘数:%d  平局盘数:%d\n",c1,c2,100-c1-c2);
}
```

【程序说明】

由于每个人掷骰子所得到的点数是随机的,所以需要借助随机数发生器,每次产生一个 $1\sim6$ 之间的整数,以此模拟玩家掷骰子的点数。

要得到6个不同的随机值,只需要调用 rand 函数,并取 rand 函数除以6的余数即可, 即:rand()%6。但这样得到的是在 $0\sim5$ 之间的6个随机数,再将其加1,即:rand()%6+1, 就可得到 $1\sim6$ 之间的一个随机数。为了计算在每盘中,甲、乙两人所掷的点数,需要定义两 个 int 型变量 d1,d2,用于记录每个人投掷点数的累加器。

为了记录每个人的获胜盘数,需要再定义两个 int 型变量 c1,c2,用于记录每个人获胜 的盘数。

实例 24　四 方 定 理

【问题描述】

四方定理是数论中的重要定理,它可以叙述为:所有的自然数至多只要用4个数的平方 和就可以表示出来。例如:

25=1*1+2*2+2*2+4*4

99=1*1+1*1+4*4+9*9

要求编写程序来验证四方定理。运行结果如图 7-22 所示。

图 7-22　四方定理

【程序代码】

```c
#include <stdio.h>
#include <stdlib.h>
#include <math.h>
void main()
{
    int number,x1,x2,x3,x4;
    printf("请输入一个自然数:");
    scanf("%d",&number);
    for(x1=1;x1<sqrt((float)number);x1++)
    for(x2=0;x2<=x1;x2++)
      for(x3=0;x3<=x2;x3++)
```

```
         for(x4=0;x4<=x3;x4++)
           if(number==x1*x1+x2*x2+x3*x3+x4*x4)
           {
              printf("%d=%d*%d+%d*%d+%d*%d+%d*%d\n",number,x1,x1,x2,x2,x3,x3,x4,x4);
              exit(0);
           }
    }
```

【程序说明】

同一个数可能会分解出多组解,而在编程实现的时候只要能找到一组解实际上就可以证明四方定理成立了,因此,在程序中可以设定,一旦找到一组解就退出。

要验证四方定理可以使用穷举法。在程序开始允许输入任何一个自然数,然后判断该自然数是否可用至多 4 个数的平方和表示出来。

实例 25 角 谷 猜 想

【问题描述】

角谷猜想的内容是:任给一个自然数,若为偶数则除以 2,若为奇数则乘以 3 再加 1,这样得到一个新的自然数。之后再按照前面的法则继续演算,若干次以后得到的结果必然为 1。在数学文献里,角谷猜想也常常被称为"$3X+1$ 问题"。请编程验证角谷猜想。运行结果如图 7-23 所示。

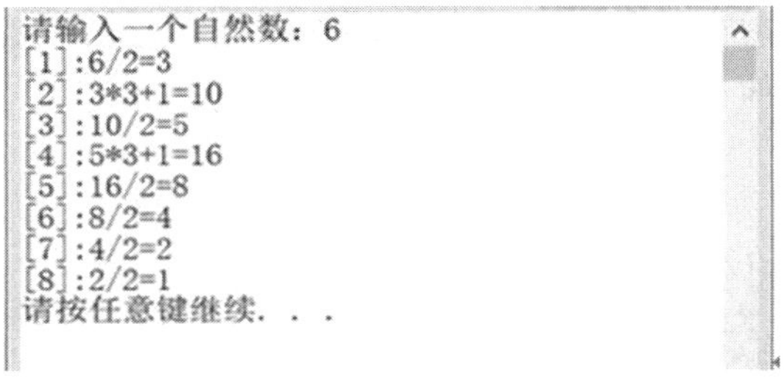

```
请输入一个自然数: 6
[1]:6/2=3
[2]:3*3+1=10
[3]:10/2=5
[4]:5*3+1=16
[5]:16/2=8
[6]:8/2=4
[7]:4/2=2
[8]:2/2=1
请按任意键继续. . .
```

图 7-23 角谷猜想

【程序代码】

```c
#include <stdio.h>
void main()
{
  int n,count=0;
  printf("请输入一个自然数:");
  scanf("%d",&n);
  do
  {
    if(n%2)
     {
        n=n*3+1;                          /* 若 n 为奇数,则乘以 3 加 1*/
        printf("[%d]:%d* 3+1=%d\n",++count,(n-1)/3,n);
     }
```

```
    else
      {
        n/=2;                         /* 若 n 为偶数,则除以 2*/
        printf("[%d]:%d/2=%d\n",++count,2*n,n);
      }
  }while(n!=1);                        /* 当 n=1 时终止循环 */
}
```

实例 26　将真分数分解为埃及分数

【问题描述】

现输入一个真分数,请将该分数分解为埃及分数。真分数:分子比分母小的分数叫做真分数。埃及分数:分子是 1 的分数。运行结果如图 7-24 所示。

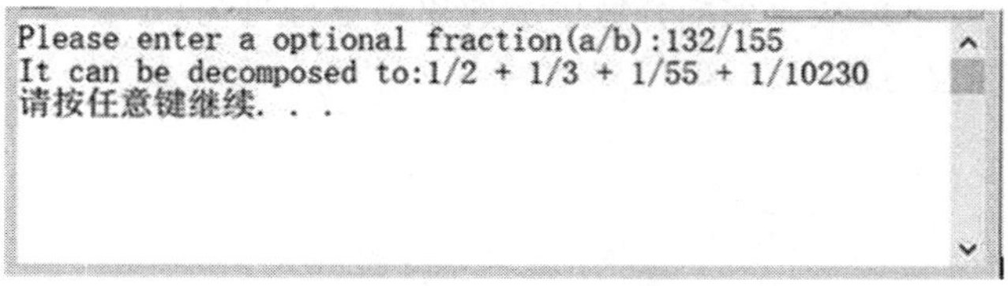

```
Please enter a optional fraction(a/b):132/155
It can be decomposed to:1/2 + 1/3 + 1/55 + 1/10230
请按任意键继续. . .
```

图 7-24　将真分数分解为埃及分数

【程序代码】

```c
# include <stdio.h>
void main()
{
  long int a,b,c;
  printf("Please enter a optional fraction(a/b):");
  scanf("%ld/%ld",&a,&b);                /* 输入分子 a 和分母 b*/
  printf("It can be decomposed to:");
  while(1)
  {
    if(b%a)             /* 若分子不能整除分母,则分解出一个分母为 b/a+1 的埃及分数 */
      c=b/a+1;
    else                               /* 否则,输出化简后的真分数(埃及分数) */
      {
        c=b/a;
        a=1;
      }
    if(a==1)
    {
      printf("1/%ld\n",c);
      break;                          /*a 为 1 标志结束 */
    }
    else
```

```
        printf("1/%ld+",c);
    a=a*c-b;                              /* 求出余数的分子 */
    b=b*c;                               /* 求出余数的分母 */
    if(a==3&&b%2==0)      /* 若余数分子为 3,分母为偶数,输出最后两个埃及分数 */
    {
        printf("1/%ld+1/%ld\n",b/2,b);
        break;
    }
    }
}
```

【程序说明】

程序约定分子和分母都是自然数,分数的分子用 a 表示,分母用 b 表示。

若真分数的分子 a 能整除分母 b,则真分数经过化简就可以得到埃及分数,若真分数的分子不能整除分母,则可以从原来的分数中分解出一个分母为(b/a)+1 的埃及分数。用这种方法将剩余部分反复分解,最后可得到结果。

第 8 章　函数和编译预处理

实例 1　哥德巴赫猜想

【问题描述】

验证 100 以内的正偶数都能分解为两个素数之和,即验证哥德巴赫猜想对 100 以内(大于 2)的正偶数成立。运行结果的后 5 行如图 8-1 所示。

```
90= 37+ 53, 90= 43+ 47, 92=  3+ 89, 92= 13+ 79, 92= 19+ 73,
92= 31+ 61, 94=  5+ 89, 94= 11+ 83, 94= 23+ 71, 94= 41+ 53,
94= 47+ 47, 96=  7+ 89, 96= 13+ 83, 96= 17+ 79, 96= 23+ 73,
96= 29+ 67, 96= 37+ 59, 96= 43+ 53, 98= 19+ 79, 98= 31+ 67,
98= 37+ 61,
请按任意键继续. . .
```

图 8-1　哥德巴赫猜想

【程序代码】

```c
#include <stdio.h>
int ss(int i)                            /* 自定义函数判断是否为素数*/
{
  int j;
  if (i<=1)                              /* 小于1的数不是素数*/
    return 0;
  if(i==2)                               /*2是素数*/
    return 1;
  for(j=2;j< i;j++)                      /* 对大于2的数进行判断*/
  {
    if(i%j==0)
      return 0;
    else if (i!=j+1)
      continue;
    else
      return 1;
  }
}

void main()
{
  int i,j,k,flag1,flag2,n=0;
  for(i=6;i<100;i+=2)
  for(k=2;k<=i/2;k++)
  {
    j=i-k;
```

```
      flag1=ss(k);                            /* 判断拆分出的数是否是素数*/
      if(flag1)
      {
        flag2=ss(j);
        if(flag2)                             /* 如果拆分出的两个数均是素数则输出*/
        {
          printf("%3d=%3d+%3d,",i,k,j);
          n++;
          if(n%5==0)
            printf("\n");
        }

      }
    }
  printf("\n");
}
```

【程序说明】

为了验证哥德巴赫猜想对 100 以内（大于 2）的正偶数是成立的，要将正偶数分解为两部分，再对这两部分进行判断，如果均是素数则满足题意，不是则重新分解继续判断。本实例把素数的判断过程自定义到 ss()函数中，对每次分解出的两个数只要调用 ss()函数来判断即可。

实例 2　递归解决分鱼问题

【问题描述】

A,B,C,D,E 5 个人在某天夜里合伙去捕鱼，到凌晨时都疲惫不堪，于是各自找地方睡觉。第二天，A 第一个醒来，他将鱼分成 5 份，把多余的一条鱼扔掉，拿走自己的一份。B 第二个醒来，也将鱼分为 5 份，把多余的一条扔掉，拿走自己的一份。C,D,E 依次醒来，也按同样的方法拿鱼。问他们合伙至少捕了多少条鱼？运行结果如图 8-2 所示。

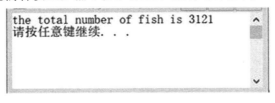

the total number of fish is 3121
请按任意键继续. . .

图 8-2　递归解决分鱼问题

【程序代码】

```
#include <stdio.h>
int sub(int n)/* 定义递归函数求鱼的总数*/
{
  if (n==1)                                   /* 当 n 等于 1 时递归结束*/
  {
    static int i=0;
```

```
        do
        {
          i++;
        }
        while(i%5!=0);
        return(i+1);                        /* 5人平分后多出一条*/
      }
      else
      {
        int t;
        do
        {
          t=sub(n-1);
        }
        while(t%4!=0);
        return(t/4* 5+1);
      }
    }
    void main()
    {
      int total;
      total=sub(5);                         /* 调用递归函数*/
      printf("the total number of fish is %d\n",total);
    }
```

【程序说明】

根据题意假设设鱼的总数是 n，那么第一次每人分到的鱼的数量可用(n−1)/5 表示，余下的鱼数为 4 * (n−1)/5，将余下的数量重新赋值给 n，依然调用(n−1)/5，如果连续 5 次 n−1 后均能被 5 整除，则说明最初的 n 值便是本题目的解。

本实例采用了递归的方法来求解鱼的总数，这里有一点需要强调，用递归求解时一定要注意要有递归结束的条件。本实例中，n=1 时便是递归程序的出口。

实例 3 牛顿迭代法求方程根

【问题描述】

编写用牛顿迭代法求方程根的函数。方程为 $ax^3+bx^2+cx+d=0$，系数 a,b,c,d 由主函数输入。求 x 在 1 附近的一个实根。求出根后，由主函数输出。

牛顿迭代法的公式是：$x=x_0-\dfrac{f(x_0)}{f(x_0)}$，设迭代到 $|x-x_0|\leqslant 10^{-5}$ 时结束。

【程序代码】

```
# include <stdio.h>
# include <math.h>
void main()
{
```

```
float solution(float a,float b,float c,float d);
float a,b,c,d,x;printf("请输入方程的系数:");
scanf("%f%f%f%f",&a,&b,&c,&d);
x=solution(a,b,c,d);
printf("所求方程的根为 x=%f",x);
}
/* 函数功能是用牛顿迭代法求方程的根*/
float solution(float a,float b,float c,float d)
{
float x0,x=1.5,f,fd,h;
/*f 用来描述方程的值,fd 用来描述方程求导之后的值*/
do
{
   x0=x;                                /* 用所求得的 x 的值代替 x0 原来的值 */
   f=a*x0*x0*x0+b*x0*x0+c*x0+d;
   fd=3*a*x0*x0+2*b*x0+c;
   h=f/fd;
   x=x0- h;                             /* 求得更接近方程根的 x 的值 */
}while(fabs(x- x0)>=1e- 5);
return x;
}
```

【程序说明】

牛顿迭代法是取 x0 之后,在这个基础上,找到比 x0 更接近的方程的根,一步一步迭代,从而找到更接近方程根的近似根。在 1 附近找任一实数作为 x0 的初值,本程序中取 1.5,即 x0＝1.5。

实例 4   黑   洞   数

【问题描述】

编程求三位数中的"黑洞数"。黑洞数又称陷阱数,任何一个数字不全相同的整数,经有限次"重排求差"操作,总会得到某一个或一些数,这些数即为黑洞数。"重排求差"操作是将组成一个数的各位数字重排得到的最大数减去最小数。例如 207,"重排求差"操作序列是:720－027＝693,963－369＝594,954－459＝495,再做下去不变了。再用 208 算一次,也停止到 495,所以 495 是三位黑洞数。运行结果如图 8-3(a)和(b)所示。

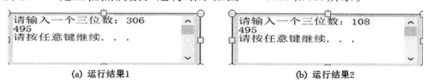

(a) 运行结果1   (b) 运行结果2

图 8-3 黑洞数

【程序代码】

```
#include <stdio.h>
```

```c
int maxof3(int,int,int);
int minof3(int,int,int);
void main()
{
    int i,k;
    int hun,oct,data,max,min,j,h;
    printf("请输入一个三位数:");
    scanf("%d",&i);
    hun=i/100;
    oct=i%100/10;
    data=i%10;
    max=maxof3(hun,oct,data);
    min=minof3(hun,oct,data);
    j=max-min;
    for(k=0;;k++)                        /*k控制循环次数*/
    {
        h=j;                            /* h记录上一次最大值与最小值的差*/
        hun=j/100;
        oct=j%100/10;
        data=j%10;
        max=maxof3(hun,oct,data);
        min=minof3(hun,oct,data);
        j=max-min;
        if(j==h)                        /* 最后两次差相等时,差即为所求黑洞数*/
        {
            printf("%d\n",j);
            break;
        }
    }
}
/* 求三位数重排后的最大数*/
int maxof3(int a,int b,int c)
{
    int t;
    if(a<b)                             /* 如果a<b,将变量a,b的值互换*/
    {
        t=a;
        a=b;
        b=t;
    }
    if(a<c)
    {
        t=a;
        a=c;
```

```
        c=t;
      }
    if(b<c)
    {
      t=b;
      b=c;
      c=t;
    }
    return(a*100+b*10+c);
}
/* 求三位数重排后的最小数*/
int minof3(int a,int b,int c)
{
    int t;
    if(a<b)
    {
      t=a;
      a=b;
      b=t;
    }
    if(a<c)
    {
      t=a;
      a=c;
      c=t;
    }
    if(b<c)
    {
      t=b;
      b=c;
      c=t;
    }
    return(c*100+b*10+a);
}
```

【程序说明】

根据"黑洞数"的定义,对于任一个数字不全相同的整数,最后结果总会掉入到一个黑洞数里。最后结果一旦为黑洞数,无论再重复进行多少次的"重排求差"操作,则结果都是一样的,因此可把结果相等作为判断"黑洞数"的依据。

实例 5 分 数 比 较

【问题描述】

采用通分的方法比较两个分数的大小。运行结果如图 8－4 所示。

图8-4 分数比较

【程序代码】

```
#include <stdio.h>
int zxgb(int a,int b);                          /* 函数声明 */
void main()
{
  int i,j,k,l,m,n;
  printf("Input two FENSHU:\n");
  scanf("%d/%d,%d/%d",&i,&j,&k,&l);             /* 输入两个分数 */
  m=zxgb(j,l)/j*i;                              /* 求出第一个分数通分后的分子 */
  n=zxgb(j,l)/l*k;                              /* 求出第二个分数通分后的分子 */
  if(m>n)                                       /* 比较分子的大小 */
    printf("%d/%d>%d/%d\n",i,j,k,l);
  else
    if(m==n)
      printf("%d/%d=%d/%d\n",i,j,k,l);          /* 输出比较的结果 */
    else
      printf("%d/%d< %d/%d\n",i,j,k,l);
}
int zxgb(int a,int b)
{
  long int c;
  int d;
  /* 若 a<b,则交换两变量的值 */
  if(a<b)
    {
      c=a;
      a=b;
      b=c;
    }
                                                /* 求分母 a、b 的最大公约数 */
  for(c=a*b;b!=0;)
  {
    d=b;
    b=a%b;
    a=d;
  }
  return (int)c/a;
}
```

【程序说明】

　　求通分后的最简公分母,即求两分母的最小公倍数。求最小公倍数的前提是求出两数的最大公约数,最大公约数的求解采用辗转相除的方法。

　　通分后的分子为:通分后的分母/原分数分母 * 原分数分子,分别赋给变量 m 和 n。只需比较变量 m,n 的值即可。

实例 6　回文数的形成

【问题描述】

　　回文数是指一个数无论从左向右读还是从右向左读都是一样的,如 121,11 等。任取一个正整数,将其倒过来后与原来的正整数相加,会得到一个新的正整数。重复以上步骤,则最终可得到一个回文数。如输入正整数 78,有如下回文数形成过程:78+87=165,165+561=726,726+627=1 353,1 353+3 531=4 884,经过了四步,整数 78 形成了回文数4 884。请编程进行验证。运行结果如图 8-5 所示。

图 8-5　回文数的形成

【程序代码】

```c
#include <stdio.h>
long reverse(long int a)
{
  long int t;
  for(t=0;a>0;a/=10)
  t=t*10+a%10;                               /*t 中存放 a 的反序数*/
  return(t);
}
int palindrome(long int s)
{
  if(reverse(s)==s)      /* 调用 reverse()函数判断变量 s 是否与其反序数相等*/
  return 1;                                 /*s 是回文数则返回 1*/
  else
  return 0;                                 /*s 不是回文数则返回 0*/
}

void main()
{
  long int n,m;
  int count=0,flag=0;
```

```
printf("请输入一个正整数:");
scanf("%ld",&n);
m=reverse(n);
printf("回文数的产生过程如下:\n");
while(! palindrome((m=reverse(n))+n))         /* 判断当前的整数 n 是否为回文数*/
{
if(n>0&&m+n<n)                              /* 超过界限,输出提示信息*/
{
  printf("越界错误\n");
  break;
}
else                                       /*n 不是回文数*/
{
  printf("[%d]:%ld+%ld=%ld\n",++count,n,m,m+n);    /* 打印操作步骤*/
  n+=m;                                    /*n 加上其反序数*/
}
}
printf("[%d]:%ld+%ld=%ld\n",++count,n,m,m+n);
}
```

【程序说明】

　　程序中变量 m,n 都是 long int 类型的,因此他们的和也是 long int 类型的,而 long int 的取值范围为－2147483648～2147483647,因此,m＋n 的最大值为 2147483647,如果m＋n 的值超过了 2147483647,则会发生越界错误。判断越界的条件是 n＞0＆＆m＋n＜n,此时,将跳出 while 循环。

实例 7　旅馆房间管理

【问题描述】

　　某连锁饭店共有四家旅馆,每个旅馆有不同的收费标准,但各特定旅馆的收费模式相同。饭店规定住宿时间超过一天的客户,第二天的收费是第一天的 95％,第三天是第二天的 95％,依此类推。为此连锁饭店计划开发一个管理程序,能根据指定的旅馆和住宿天数计算费用。运行结果如图 8－6 所示。

【程序代码】

```
#include <stdio.h>
# define HOTEL1 80.0
# define HOTEL2 125.0
# define HOTEL3 155.0
# define HOTEL4 200.0
# define QUIT 5
# define DISCOUNT 0.95
# define STARS "* * * * * * * * * * * * * * * *"
int menu(void) //选择旅馆函数
```

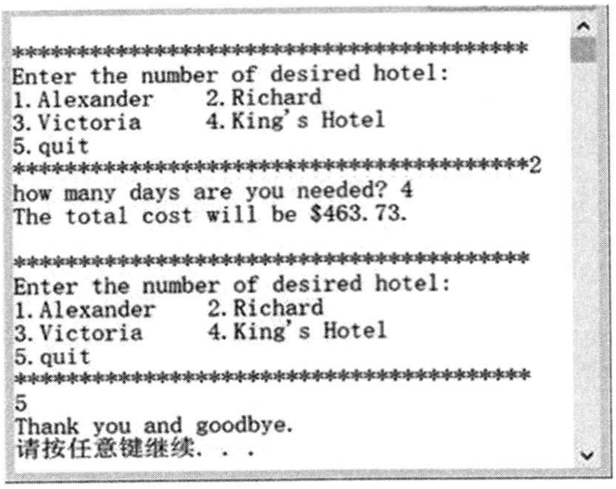

图 8 - 6　旅馆房间管理

```
{
    int code,status;
    printf("\n%s%s\n",STARS,STARS);
    printf("Enter the number of desired hotel:\n");
    printf("1.Alexander 2.Richard\n");
    printf("3.Victoria 4.King's Hotel\n");
    printf("5.quit\n");
    printf("%s%s\n",STARS,STARS);
    while((status=scanf("%d",&code))!=1||(code<1||code> 5))
    {
        if(status!=1)
            scanf("%*s");//跳过一个字符串
        printf("Enter an integer from 1 to 5,please.\n");
    }
    return code;
}
int getdays(void) //输入天数函数
{
    int days;
    printf("how many days are you needed? ");
    while(scanf("%d",&days)!=1)
    {
        scanf("%*s");//跳过一个字符串
        printf("Please enter an integer.\n");
    }
    return days;
}
void showprice(double rate,int days) //计算费用函数
{
    int n;
    double total=0.0;
```

```c
    double factor=1.0;
    for(n=1;n<=days;n++,factor*=dISCOUNT)
      total+=rate*factor;
    printf("The total cost will be $%0.2f.\n",total);
}
int main(void)
{
    int days;
    double hotel_rate;
    int code;
    while((code=menu())!=qUIT)
    {
      switch(code)
      {
      case 1:hotel_rate=hOTEL1;
        break;
      case 2:hotel_rate=hOTEL2;
        break;
      case 3:hotel_rate=hOTEL3;
        break;
      case 4:hotel_rate=hOTEL4;
        break;
      }
      days=getdays();
      showprice(hotel_rate,days);
    }
    printf("Thank you and goodbye.\n");
    return 0;
}
```

第9章 数 组

实例1 打鱼还是晒网

【问题描述】

打鱼还是晒网。如果一个渔夫从 2011 年 1 月 1 日开始每三天打一次鱼,两天晒一次网,编程实现当输入 2011 年 1 月 1 日以后的任意一天,输出该渔夫是在打鱼还是在晒网。

【程序代码】

```
#include <stdio.h>
int leap(int a)                          /* 自定义函数 leap 用来判断指定年份是否为闰年*/
{
    if(a%4==0&&a%100!=0||a%400==0)
        return 1;
    else
        return 0;
}


int number(int year,int m,int d)
/* 自定义函数 number 计算输入的日期距 2011 年 1 月 1 日共有多少天*/
{
int sum=0,i,j,k;
int a[12]= {31,28,31,30,31,30,31,31,30,31,30,31};
                                    /* 数组 a 存放平年每月的天数*/
    int b[12]= {31,29,31,30,31,30,31,31,30,31,30,31};   /* 数组 b 存放闰年每月的天数*/
    if(leap(year)==1)               /* 判断是否为闰年*/
        for(i=0;i<m-1;i++)
            sum+=b[i];              /* 是闰年,累加数组 b 前 m-1 个月份天数*/
    else
        for(i=0;i<m-1;i++)
            sum+=a[i];              /* 不是闰年,累加数组 a 前 m-1 个月份天数*/
    for(j=2011;j<year;j++)
        if(leap(j)==1)
            sum+=366;               /*2011 年到输入的年份是闰年的加 366*/
        else
            sum+=365;               /*2011 年到输入的年份不是闰年的加 365*/
    sum+=d;                         /* 将前面累加的结果加上日期,求出总天数*/
    return sum;                     /* 将计算的天数返回*/
}


void main()
{
```

```
    int year,month,day,n;
    printf("请输入年月日\n");
    scanf("%d%d%d",&year,&month,&day);
    n=number(year,month,day);
    if((n%5)<4&&(n%5)>0)              /* 当余数是 1 或 2 或 3 时在打鱼否则在晒网 */
        printf("%d:%d:%d打鱼\n",year,month,day);
    else
        printf("%d:%d:%d晒网\n",year,month,day);
}
```

【程序说明】

程序有两个要点：

①判断输入的年份（2011 年以后包括 2011 年）是否为闰年，这里自定义函数 leap() 来进行判断。该函数的核心内容就是闰年的判断条件既能被 4 整除但不能被 100 整除，或能被 400 整除。

②求输入日期距 2011 年 1 月 1 日有多少天。首先判断 2011 年距输入的年份有多少年，这其中有多少年是闰年就将 sum 加多少个 366，有多少年是平年便将 sum 加多少个 365；其次要将 12 个月每月的天数存到数组中，因为闰年 2 月份的天数有别于平年，故采用两个数组 a 和 b 分别存储。若输入年份是平年，月份为 m 时就在前面累加日期的基础上继续累加存储着平年每月天数的数组的前 m−1 个元素，将累加结果加上输入的日期便求出了最终结果。闰年的算法类似。

实例 2　十进制转换为二进制

【问题描述】

输入任意一个 0～32767 的十进制整数，输出它的二进制数。

【程序代码】

```
#include <stdio.h>
#include <stdlib.h>
void main()
{
    int i,j,n,m;
    int a[16]={0};
    system("cls");
    printf("请输入一个十进制数(0～32767):\n");
    scanf("%d",&n);
    for(m=0;m<15;m++)
    /* for 循环从 0 到 14，最高为符号位，本题符号位始终为 0 */
    {
        i=n%2;                        /* 取 2 的余数 */
        j=n/2;                        /* 取被 2 整除的结果 */
        n=j;                          /* 将得到的商赋给变量 n */
        a[m]=i;                       /* 将余数存入数组 a 中 */
```

```
    }
    for(m=15;m>=0;m--)
    {
        printf("%d",a[m]);                  /* for 循环,将数组中的 16 个元素从后往前输出 */
        if(m%4==0)
            printf(" ");                     /* 每输出 4 个元素,输出一个空格 */
    }
    printf("\n");
}
```

【程序说明】

本实例是将除 2 取余,十进制转换为二进制的运算过程写入程序中。用数组 a 来存储每次对 2 取余的结果。第一个 for 循环从 0 到 14,因为本题只考虑基本整型中正数部分的转换,所以最高位为符号位,始终为 0;第二个 for 循环从 15 到 0,而不能改成 0 到 15,因为在将每次对 2 取余的结果存入数组时是从 a[0]开始存储的,所以要从 a[15]开始输出,这也符合平时计算的顺序。

实例 3　 n 进制转换为十进制

【问题描述】

编程实现输入任意一个数,并且输入是 n 进制数,输出其十进制数。运行结果如图 9-1 所示。

图 9-1　n 进制转换为十进制

【程序代码】

```c
#include <stdio.h>
#include <stdlib.h>
#include <string.h>
void main()
{
    long t1;
    int i,n,t,t3;
    char a[100];
    printf("请输入数字:\n");
    gets(a);                          /* 输入 n 进制数存到数组 a 中 */
    strupr(a);                        /* 将 a 中的小写字母转换成大写字母 */
    t3=strlen(a);                     /* 求出数组 a 的长度 */
```

```
    t1=0;
    printf("请输入进制 n(二或八或十六):\n");
    scanf("%d",&n);
    for(i=0;i<t3;i++)
    {
      if(a[i]-'0'>=n&&a[i]<'A'||a[i]-'A'+10>=n)
                                          /* 判断输入的数据和进制数是否相符 */
      {
        printf("输入有误!!");
        exit(0);
      }
      if(a[i]>='0'&&a[i]<='9')             /* 判断是否为数字 */
        t=a[i]-'0';                        /* 求出该数字赋给 t */
      else if(n>=11&&(a[i]>='A'&&a[i]<='A'+n-10))
                                          /* 判断是否为字母 */
        t=a[i]-'A'+10;                     /* 求出字母所代表的十进制数 */
      t1=t1*n+t;                           /* 求出最终转换成的十进制数 */
    }
    printf("十进制形式是%ld\n",t1);
}
```

【程序说明】

本实例主要思路是用字符型数组 a 存放一个 n 进制数,再对数组中的每个元素进行判断,如果是 0～9 的数字,则进行以下处理:

```
t= a[i]-'0';
```

如果是字母,则进行以下处理:

```
t= a[i]-'A'+ 10;
```

如果输入的数据与进制不符,则输出数据错误并退出程序。

程序中用到了字符串函数 strupr() 和 strlen(),前者是将括号内指定字符串中的小写字母转换为大写字母,其余字符不变;后者是求括号中指定字符串的长度,即有效字符的个数。使用这两个函数时应在程序开头写上如下代码:

```
#include  <string.h>
```

实例 4　巧分苹果

【问题描述】

一家农户以果园为生,父亲推出一车苹果,共 2520 个,准备分给他的 6 个儿子。父亲按事先写在一张纸上的数字把这堆苹果分完,每个人分到的苹果个数都不相同。他说:"老大,把你分到的苹果的 1/8 给老二,老二拿到后,连同原来的苹果分 1/7 给老三,老三拿到后,连同原来的苹果的 1/6 给老四,以此类推,最后老六拿到后,连同原来的苹果分 1/3 给老大,这样,你们每个人分到的苹果就一样多了。"问兄弟 6 人原先各分到多少只苹果?运行结果如图 9-2 所示。

【程序代码】

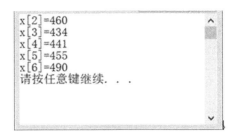

图 9-2　巧分苹果

```c
#include <stdio.h>
void main()
{
  int x[7],y[7],s,i;
  s=2520/6;                           /* 求出平均每个人要分多少个苹果*/
  for(i=2;i<=6;i++)
                    /* 求从老二到老六得到哥哥分来的苹果却未分给弟弟时的苹果数*/
    y[i]=s*(9-i)/(8-i);
  y[1]=x[1]=(s-y[6]/3)*8/7;
                          /* 老大得到老六分来的苹果却未分给弟弟时的苹果数*/
  for(i=2;i<=6;i++)
    x[i]=y[i]-y[i-1]/(10-i);          /* 求原来每人得到的苹果数*/
  for(i=1;i<=6;i++)
    printf("x[%d]=%d\n",i,x[i]);      /* 将最终结果输出*/
}
```

【程序说明】

本实例首先要分析其中的规律,这里设 x[i](i=1,2,3,4,5,6)依次为 6 个兄弟原来分到的苹果数,设 y[i](i=2,3,4,5,6)为除老大外其余 5 个兄弟从哥哥那里得到还未分给弟弟时的苹果数,那么老大是个特例,则 x[1]=y[1]。因为苹果的总数是 2520,那可以很容易知道 6 个人平均每人得到的苹果数 s 应为 420,则可得到如下关系:

y2=x2+(1/8)*y1
y2*(6/7)=s
y3=x3+(1/7)*y2
y3*(5/6)=s
y4=x4+(1/6)*y3
y4*(4/5)=s
y5=x5+(1/5)*y4
y5*(3/4)=s
y6=x6+(1/4)*y5
y6*(2/3)=s

以上求 s 都是有规律的,老大的求法这里单列,即 y1=x1,x1*(7/8)+y6*(1/3)=s。根据上面的分析利用数组即可实现巧分苹果。

实例 5　IP 地址形式输出

【问题描述】

任意输入 32 位的二进制数,编程实现将该二进制数转换成 IP 地址形式输出。例如:

输入:11111111111111111111111100000000

输出:255.255.255.0

【程序代码】

```c
#include <stdio.h>
int bin_dec(int x,int n)                /* 自定义函数将二进制数转换成十进制数*/
{
  if (n==0)                             /* 递归结束条件*/
    return 1;
  return x*bin_dec(x,n-1);              /* 递归调用 bin_dec()函数*/
}
void main()
{
  int i;
  int ip[4]= {0};
  char a[33];                           /* 存放输入的二进制数*/
  printf("输入二进制数:\n");
  scanf("%s",a);                        /* 二进制数以字符串形式读入*/
  for(i=0;i<8;i++)
  {
    if(a[i]=='1')
      ip[0]+=bin_dec(2,7-i);            /* 计算 0~7 位转换的结果*/
  }
  for(i=8;i<16;i++)
  {
    if(a[i]=='1')
      ip[1]+=bin_dec(2,15-i);           /* 计算 8~15 位转换的结果*/
  }
  for(i=16;i<24;i++)
  {
    if(a[i]=='1')
      ip[2]+=bin_dec(2,23-i);           /* 计算 16~23 位转换的结果*/
  }
  for(i=24;i<32;i++)
  {
    if(a[i]=='1')
      ip[3]+=bin_dec(2,31-i);           /* 计算 24~31 转换的结果*/
    if(a[i]=='\0')
      break;
  }
  printf("iP:\n");
  printf("%d.%d.%d.%d\n",ip[0],ip[1],ip[2],ip[3]);
}
```

【程序说明】

本实例主要通过将输入的二进制数以每 8 位数为一个单位分开,再通过自定义的函数将这 8 位二进制数转换成对应的十进制数即可。

实例 6 自 守 数

【问题描述】

自守数是指一个数的平方的尾数等于该数自身的自然数。例如:

$5^2=25$ $25^2=625$ $76^2=5776$ $9376^2=87909376$

编程求一定范围内的所有自守数。运行结果如图 9-3 所示。

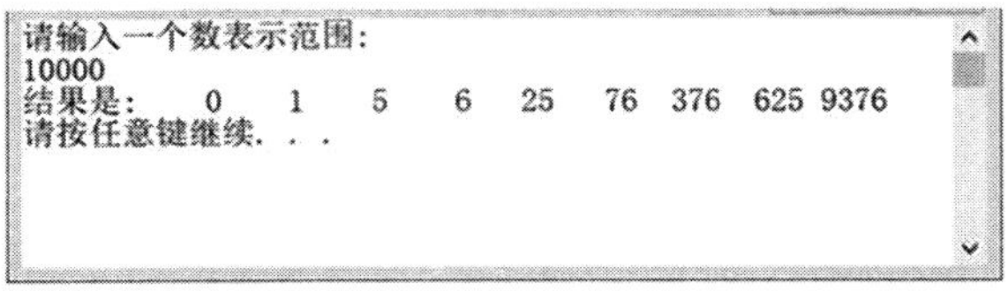

```
请输入一个数表示范围:
10000
结果是:   0   1   5   6   25   76   376   625 9376
请按任意键继续. . .
```

图 9-3 自守数

【程序代码】

```c
#include <stdio.h>
void main()
{
  long i,j,k1,k2,k3,a[10]= {0},num,m,n,sum;
  printf("请输入一个数表示范围:\n");
  scanf("%ld",&num);
  printf("结果是:");
  for(j=0;j<num;j++)
  {
    m=j;
    n=1;
    sum=0;
    k1=10;
    k2=1;
    while(m!=0)                      /* 判断该数的位数*/
    {
      a[n]=j%k1;                    /* 分离出的数存入数组中*/
      n++;                          /* 记录位数,实际位数为 n-1*/
      k1*=10;                       /* 最小 n 位数*/
      m=m/10;
    }
    k1=k1/10;
    k3=k1;
    for(i=1;i<=n-1;i++)
    {
      sum+= (a[i]/k2*a[n-i])%k1*k2;    /* 求每一部分积之和*/
      k2*=10;
```

```
        k1/=10;
    }
    sum= sum% k3;                    /* 求和的后 n-1 位 */
    if(sum==j)
        printf("%5ld",sum);
    }
printf("\n");
}
```

【程序说明】

本实例的关键是分析手工求解过程中的规律,下面就来具体分析:

```
          9376
      ×   9376
          56256
         65632
        28128
       84384
       87909376
```

观察上式可发现,9376×9376 的最终结果是 87909376,其中积的后四位的产生规律如下。

第一部分积(56256):被乘数的最后四位乘以乘数的倒数第一位。

第二部分积(65632):被乘数的最后三位乘以乘数的倒数第二位。

第三部分积(28128):被乘数的最后两位乘以乘数的倒数第三位。

第四部分积(84384):被乘数的最后一位乘以乘数的倒数第四位。

将以上四部分的后四位求和,然后取后四位,即可求出一个四位数乘积的后四位。其他不同位数的数依此类推。

实例 7　新同学年龄

【问题描述】

班里来了一名新同学,很喜欢学数学,同学们问他年龄的时候,他向大家说:"我的年龄的平方是个三位数,立方是个四位数,四次方是个六位数。三次方和四次方正好用遍 0,1,2,3,4,5,6,7,8,9 这 10 个数字,那么大家猜猜我今年多大?"运行结果如图 9-4 所示。

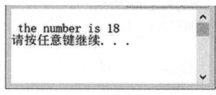

图 9-4　新同学年龄

【程序代码】

```
#include <stdio.h>
void main()
```

```
{
  long a[10]= {0},s[10]= {0},i,n3,n4,x=18;
  do
  {
    n3=x*x*x;
    for(i=3;i>=0;i--)
    {
      a[i]=n3%10;                    /* 取这个三位数的个位数字 */
      n3/=10;
    }
    n4=x*x*x*x;
    for(i=9;i>=4;i--)
    {
      a[i]=n4%10;                    /* 取这个四位数的个位数字 */
      n4/=10;
    }
    for(i=0;i<=9;i++)
      s[a[i]]++;                     /* 统计数字出现次数 */
    for(i=0;i<=9;i++)
      if(s[i]==1)                    /* 判断有无重复数字 */
      {
        if(i==9)
        printf("\n the number is %ld\n",x);
      }
      else break;
    x++;
  }
  while(x<22);                       /* x的最大值取到21 */
}
```

【程序说明】

首先考虑年龄的范围,因为 17 的四次方是 83521,小于六位,22 的三次方是 10648,大于四位,所以年龄的范围就确定出来了,即大于等于 18 小于等于 21,其次是对 18~21 之间的数进行穷举时,应将算出的四位数和六位数的每位数字分别存于数组中,再对这 10 个数字进行判断,看有无重复或是否有数字未出现,最后将运算出的结果输出即可。

本实例的关键技术在于对数组的灵活应用,即如何将四位数及六位数的每一位存入数组中,并如何对存入的数据做无重复的判断。

实例 8   计算字符串中有多少个单词

【问题描述】

输入一行字符,然后统计其中有多少个单词,要求每个单词之间用空格分隔开,最后的字符不能为空格。运行结果如图 9-5 所示。

【程序代码】

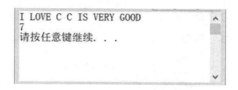

图 9-5　计算字符串中有多少个单词

```c
#include <stdio.h>
int main()
{
  char cString[100];                /* 定义保存字符串的数组*/
  int iIndex,iWord=1;               /*iWord 表示单词的个数*/
  char cBlank;                      /* 表示空格*/
  gets(cString);                    /* 输入字符串*/
  if(cString[0]=='\0')              /* 判断如果字符串为空的情况*/
  {
    printf("There is no char!\n");
  }
  else if(cString[0]==' ')          /* 判断第一个字符为空格的情况*/
  {
    printf("First char just is a blank!\n");
  }
  else
  {
    for(iIndex=0;cString[iIndex]!='\0';iIndex++)      /* 循环判断每一个字符*/
      {
        cBlank=cString[iIndex];           /* 得到数组中的字符元素*/
        if(cBlank==' ')                   /* 判断是不是空格*/
        {
          iWord++;                        /* 如果是则加 1*/
        }
      }
    printf("%d\n",iWord);
  }
}
```

【程序说明】

使用 gets()函数将输入的字符串保存在 cString 字符数组中。首先判断数组中第一个输入的字符是否为结束符或者空格,如果是则进行消息提示;如果不是,则说明输入的字符串是正常的,这样就在 else 语句中进行处理。使用 for 循环判断每一个数组中的字符是否是结束符,如果是则循环结束;如果不是,则在循环语句中判断是否是空格,遇到一个空格则对单词计数变量 iWord 进行自加操作。

实例 9　查找相同成绩

【问题描述】

从键盘输入 10 个学生的成绩,然后再输入一个成绩,查看该成绩是否在成绩表中。若在,统计有几个学生具有相同的成绩。运行结果如图 9-6 所示。

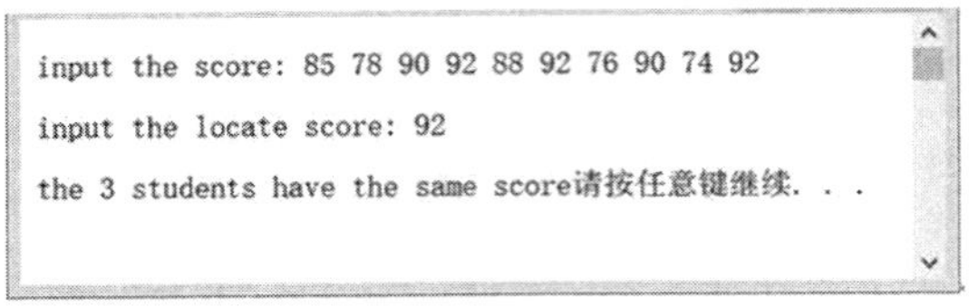

```
input the score: 85 78 90 92 88 92 76 90 74 92
input the locate score: 92
the 3 students have the same score请按任意键继续. . .
```

图 9-6　查找相同成绩

【程序代码】

```c
#include <stdio.h>
int main()
{
    int score[10],i,n,s=0;                    /*s存放找到的学生的人数*/
    printf("\n input the score: ");
    for(i=0;i<10;i++)
    scanf("%d",&score[i]);                     /* 输入成绩,形成查找表*/
    printf("\n input the locate score: ");
    scanf("%d",&n);
    for(i=0;i<10;i++)
      if(score[i]==n) s++;
    if(s==0)
      printf("\n not found");
    else
      printf("\n the %d students have the same score",s);
}
```

【程序说明】

使用循环语句对字符串中的每一个字符进行复制,从而实现字符串的复制。

实例 10　统计平原地区降水信息

【问题描述】

某平原地区 2007—2011 年的月降水量(单位:mm)如表 9-1 所示,编写程序统计该地区每月的平均降水量及年平均降水量。

表 9-1　降水信息

月 年	1	2	3	4	5	6	7	8	9	10	11	12
2007	30	40	75	95	130	220	210	185	135	80	40	45
2008	25	25	80	75	115	270	200	165	85	5	10	0
2009	35	45	90	80	100	205	135	140	170	75	60	95
2010	30	40	70	70	90	180	180	210	145	35	85	80
2011	30	35	30	90	150	230	305	295	60	95	80	30

运行结果如图 9-7 所示。

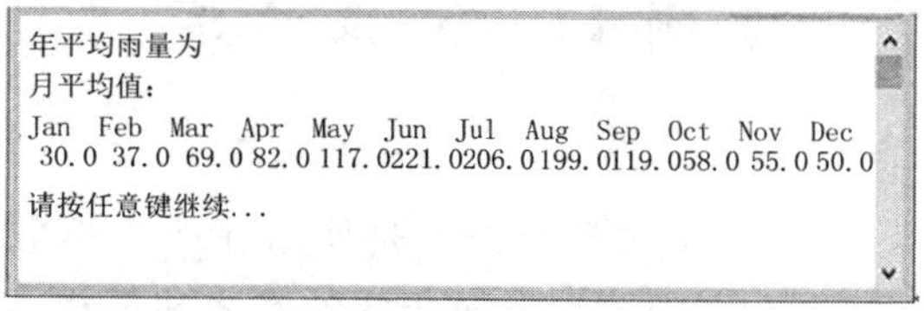

```
年平均雨量为
月平均值:
Jan Feb Mar Apr May Jun Jul Aug Sep Oct Nov Dec
 30.0 37.0 69.0 82.0 117.0221.0206.0199.0119.058.0 55.0 50.0

请按任意键继续...
```

图 9-7　统计平原地区降水信息

【程序代码】

```c
# include <stdio.h>
# define MONTHS 12                        /* 一年为 12 个月 */
# define YEARS 5                          /* 总统计年数为 5 年 */
int main()
{
/* 初始化 2007—2011 年的降水信息 */
  float rain[5][12]= {{30,40,75,95,130,220,210,185,135,80,40,45},
                {25,25,80,75,115,270,200,165,85,5,10,0},
                {35,45,90,80,100,205,135,140,170,75,60,95},
                {30,40,70,70,90,180,180,210,145,35,85,80},
                {30,35,30,90,150,230,305,295,60,95,80,30}};
  int year,month;
  float subtot,total,max[5],min[5];
  printf("年份 雨量 (mm):\n");
  for(year=0,total=0;year<YEARS;year++)
  {
    for(month=0,subtot=0;month<MONTHS;month++)
      subtot+=rain[year][month];
    printf("%5d %15.1f\n",2007+year,subtot);
    total+=subtot;
  }
  printf("\n 年平均雨量为 is %.1f mm.\n\n",total/YEARS);
  printf("月平均值:\n\n");
  printf("Jan Feb Mar Apr May Jun Jul Aug Sep Oct Nov Dec\n ");
  for(month=0;month<MONTHS;month++)
  {
    for(year=0,subtot=0;year<YEARS;year++)
      subtot+=rain[year][month];
    printf("%-5.1f",subtot/YEARS);
  }
  printf("\n");
  return 0;
}
```

实例 11　5-魔方阵

【问题描述】

编程输出 5-魔方阵,所谓"n-魔方阵",指的是使用 n^2 个自然数排列成一个 n×n 的方阵,其中 n 为奇数。该方阵的每行、每列以及对角线元素之和都相等,并为一个只与 n 有关的常数,该常数为 $n×(n^2+1)/2$。运行结果如图 9-8 所示。

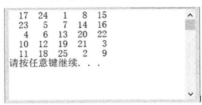

图 9-8　5-魔方阵

【程序代码】

```c
#include <stdio.h>
voidmain()
{
    int i,j,x=1,y=3,a[6][6]={0};          /* 因为数组下标要用 1 到 5,所以数组长度是 6*/
    for(i=1;i<=25;i++)
    {
        a[x][y]=i;                        /* 将 1 到 25 所有数存到数组相应位置*/
        if(x==1&&y==5)
        {
            x=x+1;                        /* 当上一个数是第 1 行第 5 列时,下一个数放在它的下一行*/
            continue;
        }
        if(x==1)                          /* 当上一个数是第 1 行时,则下一个数行数是 5*/
            x=5;
        else
            x-- ;                         /* 否则行数减 1*/
        if(y==5)                          /* 当上一个数列数是第 5 列时,则下一个数列数是 1*/
            y=1;
        else
            y++;                          /* 否则列数加 1*/
        if(a[x][y]!=0)                    /* 判断经过上面步骤确定的位置上是否有非零数*/
        {
            x=x+2;                        /* 表达式为真则行数加 2 列数减 1*/
            y=y-1;
        }
    }
    for(i=1;i<=5;i++)
    {
```

```
    for(j=1;j<=5;j++)
    {
      printf("%4d",a[i][j]);
    }
    printf("\n");                    /* 每输出一行回车*/
  }
}
```

【程序说明】

假定阵列的行列下标都从 0 开始,则魔方阵的生成方法为:在第 0 行中间置 1,对从 2 开始的其余 n^2-1 个数依次按下列规则存放:

①假定当前数的下标为(i,j),则下一个数的放置位置为当前位置的右上方,即下标为(i−1,j+1)的位置。

②如果当前数在第 0 行,即 i−1 小于 0,则将下一个数放在最后一行的下一列上,即下标为(n−1,j+1)的位置。

③如果当前数在最后一列上,即 j+1 大于 n−1,则将下一个数放在上一行的第一列上,即下标为(i−1,0)的位置。

④如果当前数是 n 的倍数,则将下一个数直接放在当前位置的正下方,即下标为(i+1,j)的位置。

实例 12　删除字符串中的连续字符

【问题描述】

本实例实现删除字符串中指定位置指定长度的连续字符串。运行后输入一个字符串,输入要删除的位置及长度,输出删除字符后的字符串。运行结果如图 9-9 所示。

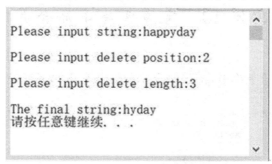

图 9-9　删除字符串中的连续字符

【程序代码】

```c
#include <stdio.h>
void del(char s[],int pos,int len) /* 自定义删除函数*/
{
  int i;
  for(i=pos+len-1;s[i]!='\0';i++,pos++)
  /*i初值为指定删除部分后的第一个字符*/
    s[pos-1]=s[i];                  /* 用删除部分后的字符依次从删除部分开始覆盖*/
```

```
    s[pos-1]='\0';                    /* 在重新得到的字符后加上字符串结束标志*/
}
void main()
{
    char str[50];
    int position;
    int length;
    printf("\n Please input string:");
    gets(str);
    printf("\n Please input delete position:");
    scanf("%d",&position);
    printf("\n Please input delete length:");
    scanf("%d",&length);
    del(str,position,length);
    printf("\n The final string:%s\n",str);
}
```

【程序说明】

本实例的关键技术是如何实现删除,这里采用的方法,是将删除部分后面的字符从要被删除部分开始逐个覆盖。

在确定从哪个字符开始删除时要尤其注意,例如本实例中字符串"happyday",字母 a 是这个字符串中的第 2 个字符,但在数组 s 中它的下标却是 1,也就是说如果用户输入的 position 是 2,那么开始进行覆盖的位置在数组 s 中的下标就应是 position−1,同理可以确定出将从哪个字符开始覆盖,在本实例中也就是 i 的初值,通过上面的分析就很容易确定它在数组中的具体位置,即 position−1+length。

实例 13　有序字符串的合并

【问题描述】

任意输入两个有序的字符串,将它们合并后仍是有序的字符串。运行结果如图 9-10 所示。

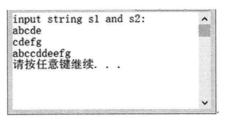

图 9-10　有序字符串的合并

【程序代码】

```
#include "stdio.h"
#include "string.h"
void main()
{
```

```
char s[80],s1[40],s2[40];
int i=0,j=0,k=0;
printf("input string s1 and s2:\n");              /* 输入提示 */
gets(s1);
gets(s2);
while (s1[i] && s2[j])
{                                                 /* 两个字符串均未结束 */
  if (s1[i]<s2[j])
    s[k++]=s1[i++];                               /* 加入 s1 中字符 */
  else
    s[k++]=s2[j++];                               /* 加入 s2 中字符 */
}
while (s1[i]) s[k++]=s1[i++];                      /* 剩余字符串的加入 */
while (s2[j]) s[k++]=s2[j++];
s[k]='\0';
puts(s);                                          /* 输出字符串 */
}
```

实例 14　对调最大数与最小数位置

【问题描述】

从键盘中输入一组数据,找出这组数据中的最大数与最小数,将最大数与最小数位置互换,并将互换后的数据再次输出。

【程序代码】

```
#include <stdio.h>
void main()
{
  int a[20],max,min,i,j,k,n;
  printf("please input the nunber of elements:\n");
  scanf("%d",&n);                                 /* 输入要输入的元素个数 */
  printf("please input the element:\n");
  for(i=0;i<n;i++)                                /* 输入数据 */
    scanf("%d",&a[i]);
  min=a[0];
  for(i=1;i<n;i++)                                /* 找出数组中最小的数 */
  if(a[i]<min)
  {
    min=a[i];
    j=i;                                          /* 将最小数的位置赋给 j */
  }
  max=a[0];
  for(i=1;i<n;i++)                                /* 找出这组数据中的最大数 */
  if(a[i]>max)
```

```
{
    max=a[i];
    k=i;                                          /* 将最大数的位置赋给 k*/
}
a[k]=min;                                         /* 在最大数位置存放最小数*/
a[j]=max;                                         /* 在最小数位置存放最大数*/
printf("\nthe position of min is:%3d\n",j);
/* 输出原数组中最小数所在的位置*/
printf("the position of max is:%3d\n",k);
/* 输出原数组中最大数所在的位置*/
printf("Now the array is:\n");
for(i=0;i<n;i++)
    printf("%5d",a[i]);                           /* 将换完位置后的数组再次输出*/
printf("\n");
}
```

【程序说明】

本实例的主要思路是：首先要确定最大数与最小数的具体位置，将 a[0]赋给 min，用 min 和数组中其他元素比较，有比 min 小的，则将这个较小的值赋给 min，同时将其所在位置赋给 j，当和数组中元素均比较一次后，此时 j 中存放的就是数组中最小数所在的位置。最大数位置的确定方法和最小数位置的确定方法相同。当确定具体位置后将这两个数位置互换，最后将互换后的数组输出。

实例 15　猜　牌　术

【问题描述】

魔术师利用一副牌中的 13 张黑桃，预先将它们排好后叠在一起，并使牌面朝下，然后他对观众说：我不看牌，只要数数就可以猜到每张牌是什么，我大声数数，你们听，不信？你们就看，魔术师将最上面的那张牌数为 1，把它翻过来正好是黑桃 A，他将黑桃 A 放在桌子上，然后按顺序从上到下数手中的余牌，第二次数 1、2，将第一张牌放在这叠牌的下面，将第二张牌翻过来，正好是黑桃 2，也将它放在桌子上，第三次数 1、2、3，将前面两张依次放在这叠牌的下面，再翻第三张牌正好是黑桃 3，这样依次进行，将 13 张牌全部翻出来，准确无误。问魔术师手中的牌原始次序是怎样安排的？运行结果如图 9－11 所示。

图 9－11　猜牌术

【程序代码】

```
#include <stdio.h>
void main()
{
```

```
int a[14]= {0};                        /* 数组 a 用于存放 13 张牌 */
int i,j=1,n;                 /*i 表示牌的序号,j 表示数组的下标,n 记录当前的空盒序号 */
printf("魔术师手中的牌原始次序是:\n");
for(i=1;i<=13;i++)
{
  n=1;                                /* 每次都从一个空盒开始重新计数 */
  do
  {
    if(j>13)
      j=1;
    if(a[j])                          /* 盒子非空,跳过该盒子 */
      j++;
    else                              /* 盒子为空 */
    {
      if(n==i)                        /* 判断该盒子是否为第 i 个空盒 */
        a[j]=i;                       /* 如果是的,则将 i 存入 */
      j++;
      n++;
    }
  }while(n<=i);
}
for(i=1;i<=13;i++)
  printf("%d ",a[i]);
printf("\n");
}
```

【程序说明】

题目中描述的内容比较多,但已经将魔术师出牌的过程描述得很清楚了。

假设桌子上有 13 个空盒子排成一圈,设定其中一个盒子序号为 1,将黑桃 A 放入 1 号盒子中,接着从下一个空盒子开始重新计数。当数到第二个空盒子时,将黑桃 2 放入其中。然后再从下一个空盒子开始重新计数,数到第三个空盒子时,将黑桃 3 放入其中,这样依次进行下去,直到将 13 张牌全部放入空盒子中为止。最后牌在盒子中的顺序,就是魔术师手中牌的顺序。

根据分析,使用循环结构来实现程序。使用程序将分析过程模拟出来,就可以计算出魔术师手中牌的原始次序。由于有 13 张牌,因此显然要循环 13 次,每次循环时找到与牌序号对应的那个空盒子,因此循环体完成的功能就是找到对应的空盒子将牌存入。

实例 16 狼 追 兔 子

【问题描述】

一只兔子躲进了 10 个环形分布的洞的某一个中。狼在第一个洞没有找到兔子,就隔一个洞,到第三个洞去找;也没有找到,就隔两个洞,到第六个洞去找。以后每次多一个洞去找兔子……这样下去,如果一直找不到兔子,请问兔子可能在哪个洞中? 运行结果如图 9-12

所示。

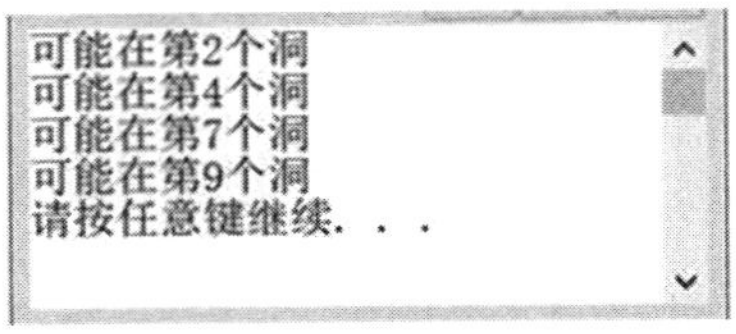

图 9-12 狼追兔子

【程序代码】

```
#include <stdio.h>
voidmain()
{
  int n=0,i=0,x=0;
  int a[11];
  for(i=0;i<11;i++)                      /* 设置数组初值 */
    a[i]=1;
  for(i=0;i<1000;i++)                    /* 穷举搜索 */
  {
    n+= (i+1);
    x=n%10;
    a[x]=0;                              /* 未找到,置 0 */
  }
  for(i=0;i<10;i++)                      /* 输出结果 */
  {
    if(a[i])
      printf("可能在第%d个洞\n",i);
  }
}
```

【程序说明】

首先定义一个数组 a[11],其数组元素为 a[1],a[2],a[3],…,a[10],这 10 个数组元素分别表示 10 个洞,初值均置为 1。

接着使用"穷举法"来找兔子,通过循环结构进行穷举,设最大寻找次数为 1000 次。由于洞只有 10 个,因此第 n 次查找对应第 n%10 个洞,如果在第 n%10 个洞中没有找到兔子,则将数组元素 a[n%10] 置 0。

实例 17 双 色 球

【问题描述】

编写程序模拟福利彩票的双色球开奖过程,由程序产生出六个红色球和一个蓝色球。

要求:

①每期开出的红色球号码不能重复,但蓝色球可以是红色球中的一个。

②红色球的范围是 1~33,蓝色球的范围是 1~16。

运行结果如图 9-13 所示。

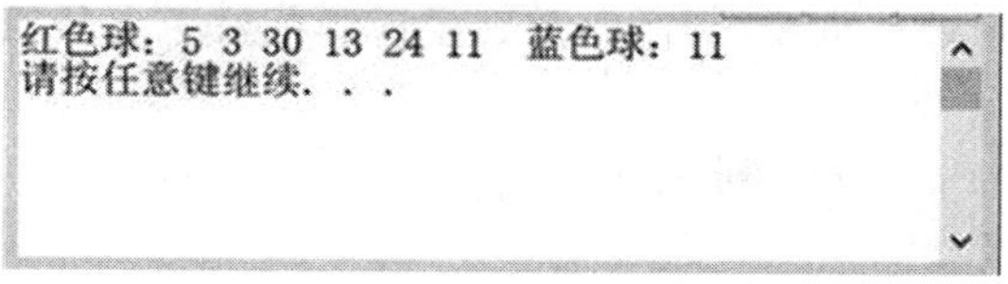

```
红色球: 5 3 30 13 24 11   蓝色球: 11
请按任意键继续. . .
```

图 9-13　双色球

【程序代码】

```c
#include <stdio.h>
#include <stdlib.h>
#include <time.h>
voidmain()
{
  int red[6];    /* red 数组保存随机生成的 6 个红色球号码,号码范围为:1~33* /
  int blue;      /* blue 变量保存随机生成的 1 个蓝色球号码,号码范围为:1~16* /
  int i,j;
  int tmp;
  srand((unsigned)time(NULL));          /* 播种子* /
  i=0;
  while(i<6)                            /* 随机生成 6 个红色球号码* /
  {
    tmp=(int)((1.0* rand()/RAND_MAX)* 33+1);
    for(j=0;j< i;j++)
      if(red[j]==tmp)
        /* 判断已生成的红色球号码是否与当前 while 循环中产生的随机红色球号码相同,如果
          相同,则重新生成新的红色球号码,否则在 red[i]中保存新生成的红色球号码* /
      break;
    if(j==i)
    {
      red[i]=tmp;                       /* 将新生成的红色球号码保存在 red 数组中* /
      i++;
    }
  }
  blue=(int)((1.0* rand()/RAND_MAX)* 16+1);          /* 随机产生蓝色球号码* /
  printf("红色球:");
  for(i=0;i<6;i++)
    printf("%d",red[i]);                /* 输出红色球号码* /
  printf(" 蓝色球:%d\n",blue);          /* 输出蓝色球号码* /
}
```

【程序说明】

由问题描述可知,该问题是编程来模拟福利彩票中双色球开奖过程,因此需要随机生成六个红色球号码和一个蓝色球号码,显然需要使用 C 语言中的随机函数。

由题目要求可知"每期开出的红色球号码不能重复",而使用随机函数并不能保证每次产生的随机数都不相同,因此在程序设计时需要判断每次新生成的红色球号码是否和已生成的红色球号码相同,如果有重复,则需要重新生成新的红色球号码。

实例 18　填　表　格

【问题描述】

将 1,2,3,4,5 和 6 填入下表中,要求每一列右边的数字比左边的数字大且每一行下面的数字比上面的数字大。编程求出按此要求填表共有几种填写方法?

运行结果如图 9 - 14 所示。

图 9 - 14　填表格

【程序代码】

```c
#include <stdio.h>
int judge(int s[]);
void print(int u[]);
int count;                                    /* 计数器 */

int main()
{
  static int a[]= {1,2,3,4,5,6};
  printf("满足条件的结果为:\n");
  for(a[1]=a[0]+1;a[1]<=5;++a[1])             /*a[1]必须大于a[0]*/
    for(a[2]=a[1]+1;a[2]<=5;++a[2])           /*a[2]必须大于a[1]*/
      for(a[3]=a[0]+1;a[3]<=5;++a[3])         /* 第二行的 a[3]必须大于 a[0]*/
        for(a[4]=a[1]>a[3]? a[1]+1:a[3]+1;a[4]<=5;++a[4])
                            /* 第二行的 a[4]必须大于左侧 a[3]和上边 a[1]*/
          if(judge(a)) print(a);             /* 如果满足题意,打印结果*/
  printf("\n");
}
int judge(int b[])
{
  int i,l;
  for(l=1;l<4;l++)
    for(i=l+1;i<5;++i)
      if(b[l]==b[i])
```

```
      return 0;                              /* 判断 a[1]~a[4]的取值是否有重复,若有重复则返回 0*/
      return 1;                              /* 若 a[1]~a[4]的取值各不相同,则返回 1*/
    }


void print(int u[])
{
  int k;
  printf("\n 结果%d:",++count);
  for(k=0;k<6;k++)
    if(k%3==0)                               /* 输出数组的前三个元素作为第一行*/
      printf("\n%d ",u[k]);
    else                                     /* 输出数组的后三个元素作为第二行*/
      printf("%d ",u[k]);
  printf("\n");
}
```

【程序说明】

根据题目要求可知,数字 1 必然位于表中第一行第一列的单元格中,而数字 6 则必然位于表中第二行第三列的单元格中,其他几个数字则按照题目要求使用试探法来分别找到合适的位置。

在实现时可以定义一个一维数组 a[6],数组元素 a[0]~a[2]位于表格中的第一行,数组元素 a[3]~a[5]位于表格中的第二行,接着可以通过对数组元素的比较来解决该问题。

实例 19　数据加密问题

【问题描述】

某公司采用公用电话来传递数据,传递的数据是四位的整数,且要求在传递过程中数据是加密的。数据加密的规则:将每位传递的数字都加上 5,之后用和除以 10 的余数来代替该数字,最后将第一位和第四位数字交换,第二位和第三位数字交换。要求通过程序实现数据加密的过程。

【程序代码】

```
#include <stdio.h>
void main()
{
  int n,i,s[8],t,count=0;
  scanf("%d",&n);                            /* 将要传递的数据存放到变量 n 中*/
  s[0]=n%10;                                 /* 保存个位*/
  s[1]=n%100/10;                             /* 保存十位*/

  s[2]=n%1000/100;                           /* 保存百位*/
  s[3]=n/1000;                               /* 保存千位*/
  for(i=0;i<=3;i++)
  {
```

```
      s[i]+=5;
      s[i]%=10;
  }
/* 数字交换,1、4 位交换,2、3 位交换*/
for(i=0;i<=3/2;i++)
{
    t=s[i];
    s[i]=s[3-i];
    s[3-i]=t;
}
for(i=3;i>=0;i--)
    printf("%d",s[i]);
printf("\n");
}
```

【程序说明】

用数组元素表示要传递的数据的每一位。

实例 20 三个数组的关系

【问题描述】

输入任意两组数分别存放在数组 a 和 b 中,将出现在数组 a 中但没有出现在数组 b 中的数存入数组 c,最后输出数组 c。

【程序代码】

```
void main()
{
  int i,j,k=0,a[8],b[5],c[8];
  for(i=0;i<=7;i++)
    scanf("%d",&a[i]);
  for(i=0;i<=4;i++)
    scanf("%d",&b[i]);                          /* 输入数组 a,b*/
  for(i=0;i<=7;i++)
  {
      for(j=0;j<=4;j++)
        if(a[i]==b[j]) break;
      if(j>=5)                                  /* 说明此元素不在 b 中*/
      {
        c[k]=a[i];
        k++;                                    /* 将不在 b 中的元素存放到 c 中*/
      }
  }
  for(i=0;i<k;i++)                              /* 输出数组 c*/
    printf("%5d",c[i]);
```

```
}
```

实例 21　计算分数精确值

【问题描述】

使用数组精确计算 M/N(0<M<N<=100)的值。假如 M/N 是无限循环小数,则计算并输出它的第一循环节,同时要求输出循环节的起止位置(小数位的序号)。运行结果如图 9-15 所示。

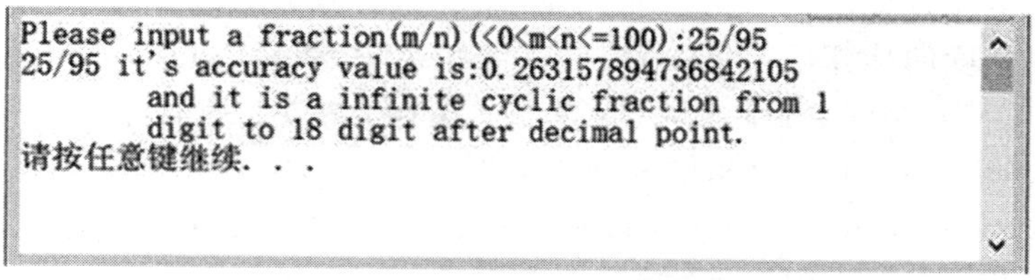

```
Please input a fraction(m/n)(<0<m<n<=100):25/95
25/95 it's accuracy value is:0.263157894736842105
            and it is a infinite cyclic fraction from 1
            digit to 18 digit after decimal point.
请按任意键继续. . .
```

图 9-15　计算分数精确值

【程序代码】

```c
#include <stdio.h>
void main()
{
  int m,n,i,j;
  int remainder[101]={0},quotient[101]={0};
  /* remainder:存放除法的余数; quotient:依次存放商的每一位 */
  printf("Please input a fraction(m/n)(<0<m<n<=100):");
  scanf("%d/%d",&m,&n);                          /* 输入被除数和除数 */
  printf("%d/%d it's accuracy value is:0.",m,n);
  for(i=1;i<=100;i++)                            /* i: 商的位数 */
  {
    remainder[m]=i;              /* m:得到的余数 remainder[m]:该余数对应的商的位数 */
    m*=10;                                       /* 余数扩大 10 倍 */
    quotient[i]=m/n;                             /* 商 */
    m=m%n;                                       /* 求余数 */
    if(m==0)                                     /* 余数为 0 则表示是有限小数 */
    {
      for(j=1;j<=i;j++)
        printf("%d",quotient[j]);                /* 输出商 */
      break;                                     /* 退出循环 */
    }
    if(remainder[m]!=0)                  /* 若该余数对应的位在前面已经出现过 */
    {
      for(j=1;j<=i;j++)
        printf("%d",quotient[j]);               /* 则输出循环小数 */
      printf("\n\tand it is a infinite cyclic fraction from %d\n",remainder[m]);
```

```
        printf("\tdigit to %d digit after decimal point.\n",i);
                                        /* 输出循环节的位置*/
        break;                          /* 退出循环*/
      }
    }
  }
}
```

【程序说明】

由于计算机字长的限制,常规的浮点运算都有精度限制,为了得到高精度的计算结果,就必须自行设计实现方法。

为了实现高精度的计算,可将商存放在一维数组中,数组的每个元素存放一位十进制数,即商的第一位存放在第一个元素中,商的第二位存放在第二个元素中……依次类推。这样就可以使用数组来表示一个高精度的计算结果。

在运算过程中,每次得到的余数都要看一下在前面的运算过程中是否已经出现,故余数及商都要存储在数组中。分别定义两个数组 remainder[101],quotient[101]来存放运算过程中每一步的余数以及得到的每一位商。

实例 22　24　　　点

【问题描述】

在屏幕上输入 1～10 范围内的 4 个整数(可以有重复),对它们进行加、减、乘、除四则运算后(可以任意地加括号限定计算的优先级),寻找计算结果等于 24 的表达式。

例如输入 4 个整数 4,5,6,7,可得到表达式:4 * ((5 - 6)＋7)＝24。这只是一个解,本题目要求输出全部的解。要求表达式中数字的顺序不能改变,运行结果如图 9-16 所示。

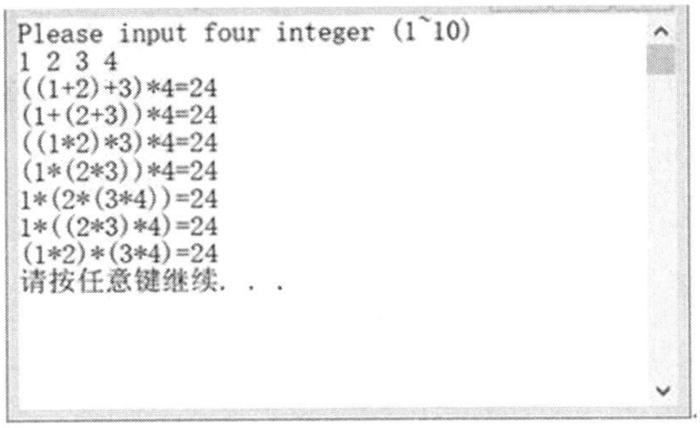

```
Please input four integer (1~10)
1 2 3 4
((1+2)+3)*4=24
(1+(2+3))*4=24
((1*2)*3)*4=24
(1*(2*3))*4=24
1*(2*(3*4))=24
1*((2*3)*4)=24
(1*2)*(3*4)=24
请按任意键继续. . .
```

图 9-16　24 点

【程序代码】

```c
#include <stdio.h>
char op[5]={'# ','+ ','-','* ','/',};
float cal(float x,float y,int op)
{
  switch(op)
  {
    case 1: return x+y;
```

```
      case 2: return x-y;
      case 3: return x*y;
      case 4: return x/y;
      }
   }


   /* 对应的表达式类型：((A□B)□C)□D*/
 float calculate_model1(float i,float j,float k,float t,int op1,int op2,int op3)
 {
      float r1,r2,r3;
      r1=cal(i,j,op1);
      r2=cal(r1,k,op2);
      r3=cal(r2,t,op3);
      return r3;
   }


   /* 对应的表达式类型：(A□(B□C))□D*/
 float calculate_model2(float i,float j,float k,float t,int op1,int op2,int op3)
 {
 float r1,r2,r3;
      r1=cal(j,k,op2);
      r2=cal(i,r1,op1);
      r3=cal(r2,t,op3);
      return r3;
   }


   /* 对应的表达式类型：A□(B□(C□D))*/
 float calculate_model3(float i,float j,float k,float t,int op1,int op2,int op3)
 {
      float r1,r2,r3 ;
      r1=cal(k,t,op3);
      r2=cal(j,r1,op2);
      r3=cal(i,r2,op1);
      return r3;
   }


   /* 对应的表达式类型：A□((B□C)□D)*/
 float calculate_model4(float i,float j,float k,float t,int op1,int op2,int op3)
 {
      float r1,r2,r3;
      r1=cal(j,k,op2);
      r2=cal(r1,t,op3);
      r3=cal(i,r2,op1);
      return r3;
```

```
    }

/* 对应的表达式类型：(A□B)□(C□D)*/
float calculate_model5(float i,float j,float k,float t,int op1,int op2,int op3)
{
    float r1,r2,r3 ;
    r1=cal(i,j,op1);
    r2=cal(k,t,op3);
    r3=cal(r1,r2,op2);
    return r3;
}

/* 寻找计算结果为 24 的表达式*/
int get24(int i,int j,int k,int t)
{
    int op1,op2,op3;
    int flag=0;
    for(op1=1;op1<=4;op1++)
        for(op2=1;op2<=4;op2++)
            for(op3=1;op3<=4;op3++)
            {
                /* 找到((A□B)□C)□D 类型的表达式中计算结果为 24 的表达式*/
                if(calculate_model1(i,j,k,t,op1,op2,op3)==24)
                {
                    printf("((%d%c%d)%c%d)%c%d=24\n",i,op[op1],j,op[op2],k,op[op3],t);
                    flag=1;
                }
                /* 找到(A□(B□C))□D 类型的表达式中计算结果为 24 的表达式*/
                if(calculate_model2(i,j,k,t,op1,op2,op3)==24)
                {
                    printf("(%d%c(%d%c%d))%c%d=24\n",i,op[op1],j,op[op2],k,op[op3],t);
flag=1;
                }
                /* 找到 A□(B□(C□D)) 类型的表达式中计算结果为 24 的表达式*/
                if(calculate_model3(i,j,k,t,op1,op2,op3)==24)
                {
                    printf("%d%c(%d%c(%d%c%d))=24\n",i,op[op1],j,op[op2],k,op[op3],t);
                    flag=1;
                }
                /* 找到 A□((B□C)□D) 类型的表达式中计算结果为 24 的表达式*/
                if(calculate_model4(i,j,k,t,op1,op2,op3)==24)
                {
                    printf("%d%c((%d%c%d)%c%d)=24\n",i,op[op1],j,op[op2],k,op[op3],t);
                    flag=1;
```

```
        }
        /* 找到 (A□B)□(C□D)类型的表达式中计算结果为 24 的表达式*/
        if(calculate_model5(i,j,k,t,op1,op2,op3)==24)
        {
            printf("(%d%c%d)%c(%d%c%d)=24\n",i,op[op1],j,op[op2],k,op[op3],t);
            flag=1;
        }
    }
    return flag;
}


void main()
{
        int i,j,k,t;
        printf("Please input four integer (1~ 10)\n");
 loop:   scanf("%d%d%d%d",&i,&j,&k,&t);
        if(i<1||i>10||j<1||j>10||k<1||k>10||t<1||t>10)
        {
            printf("Input illege,Please input again\n");
            goto loop;
        }
        if(get24(i,j,k,t));
        else
            printf("Sorry,the four integer cannot be calculated to get24\n");
}
```

【程序说明】

本题最简便的解法是应用穷举法搜索整个解空间,筛选出符合题目要求的全部解。因此,关键的问题是如何确定该题的解空间。

假设输入的 4 个整数为 A、B、C、D,如果不考虑括号优先级的情况,仅用四则运算符将它们连接起来,如 A+B*C/D,则可以形成 $4^3=64$ 种可能的表达式。如果考虑加括号的情况,而暂不考虑运算符,则共有以下 5 种可能的情况:

①((A□B)□C)□D;

②(A□(B□C))□D;

③A□(B□(C□D));

④A□((B□C)□D);

⑤(A□B)□(C□D)。

其中□代表"+、-、*、/"4 种运算符中的任意一种。将上面五种情况综合起来考虑,每输入 4 个整数,其构成的解空间为 64*5=320 种表达式。也就是说,每输入 4 个整数,无论以什么方式或优先级进行四则运算,其结果都会在这 320 种答案之中。我们的任务就是在这 320 种表达式中寻找出计算结果为 24 的表达式。

实例 23　折 半 查 找

【问题描述】

采用二分查找法查找特定关键字的元素。要求用户输入数组长度,也就是有序表的数据长度,并输入数组元素和查找的关键字。程序输出查找成功与否以及成功时关键字在数组中的位置。运行结果如图 9-17 所示。

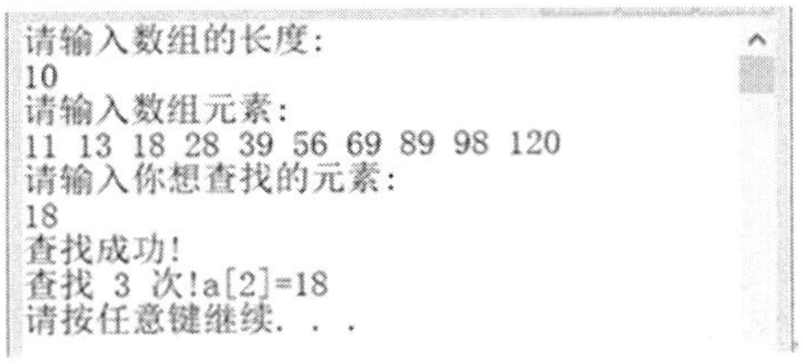

```
请输入数组的长度:
10
请输入数组元素:
11 13 18 28 39 56 69 89 98 120
请输入你想查找的元素:
18
查找成功!
查找 3 次!a[2]=18
请按任意键继续. . .
```

图 9-17 折半查找

【程序代码】

```c
#include <stdio.h>
void binary_search(int key,int a[],int n)      /* 自定义函数 binary_search*/
{
    int low,high,mid,count=0,count1=0;
    low=0;
    high=n-1;
    while(low<high)                            /* 当查找范围不为 0 时执行循环体语句*/
    {
        count++;                               /*count 记录查找次数*/
        mid= (low+high)                        /2;/* 求出中间位置*/
        if(key<a[mid])                         /* 当 key 小于中间值*/
            high=mid-1;                        /* 确定左子表范围*/
        elseif(key>a[mid])                     /* 当 key 大于中间值*/
            low=mid+1;                         /* 确定右子表范围*/
        elseif(key==a[mid])                    /* 当 key 等于中间值证明查找成功*/
        {
            printf("查找成功!\n 查找%d次! a[%d]=%d",count,mid,key);
                                               /* 输出查找次数及所查找元素在数组中的位置
*/
            count1++;                          /*count1 记录查找成功次数*/
            break;
        }
    }
    if(count1==0)/* 判断是否查找失败*/
        printf("查找失败!");
}

void main()
{
    inti,key,a[100],n;
    printf("请输入数组的长度:\n");
    scanf("%d",&n);
```

```
    printf("请输入数组元素:\n");
    for(i=0;i<n;i++)
        scanf("%d",&a[i]);                    /* 输入有序数列到数组 a 中*/
    printf("请输入你想查找的元素:\n");
    scanf("%d",&key);
    binary_search(key,a,n);
printf("\n");
}
```

【程序说明】

二分查找也叫折半查找，其基本思想是：首先选取表中间位置的记录，将其关键字与给定关键字 key 进行比较，若相等，则查找成功；若 key 值比该关键字值大，则要找的元素一定在右子表中，则继续对右子表进行折半查找：若 key 值比该关键字值小，则要找的元素一定在左子表中，继续对左子表进行折半查找。如此递推，直到查找成功或查找失败(查找范围为 0)。

实例 24　平分 7 筐鱼

【问题描述】

甲、乙、丙三位渔夫出海打鱼，他们随船带了 21 只箩筐。当晚返航时，发现有 7 筐装满了鱼，还有 7 筐装了半筐鱼，另外 7 筐则是空的，由于他们没有秤，只好通过目测认为 7 个满筐鱼的重量是相等的，7 个半筐鱼的重量也是相等的。在不将鱼倒出来的前提下，怎样将鱼和筐平分为三份？运行结果如图 9－18 所示。

```
It exists possible distribtion plans:
No.1 Full basket Semi-basket Empty
 fisher A: 1         5         1
 fisher B: 3         1         3
 fisher C: 3         1         3
No.2 Full basket Semi-basket Empty
 fisher A: 2         3         2
 fisher B: 2         3         2
 fisher C: 3         1         3
请按任意键继续. . .
```

图 9－18　平分 7 筐鱼

【程序代码】

```
#include <stdio.h>
int a[3][3],count;
int main()
{
  int i,j,k,m,n,flag;
  printf("It exists possible distribtion plans:\n");
  for(i=0;i<=3;i++)                  /* 试探第一个人满筐 a[0][0]的值,满筐数不能>3*/
  {
    a[0][0]=i;
```

```
  for(j=i;j<=7-i&&j<=3;j++)        /* 试探第二个人满筐 a[1][0]的值,满筐数不能>3* /
  {
    a[1][0]=j;
    if((a[2][0]=7-j-a[0][0])>3)
      continue;                    /* 第三个人满筐数不能>3* /
    if(a[2][0]<a[1][0])
      break;
    /* 要求后一个人分的满筐数大于等于前一个人,以排除重复情况* /
    for(k=1;k<=5;k+=2)             /* 试探半筐 a[0][1]的值,半筐数为奇数* /
    {
      a[0][1]=k;
      for(m=1;m<7-k;m+=2)          /* 试探半筐 a[1][1]的值,半筐数为奇数* /
      {
        a[1][1]=m;
        a[2][1]=7-k-m;
        /* 判断每个人分到的鱼是 3.5筐,flag 为满足题意的标记变量* /
        for(flag=1,n=0;flag&&n<3;n++)
          if(a[n][0]+a[n][1]<7&&a[n][0]*2+a[n][1]==7)
            a[n][2]=7-a[n][0]-a[n][1]; /* 计算应得到的空筐数量* /
          else flag=0; /* 不符合题意则置标记为 0* /
        if(flag)
        {
          printf("No.%d Full basket Semi-basket Empty\n",++count);
          for(n=0;n<3;n++)
            printf("fisher %c: %d%d%d\n",'A'+n,a[n][0],a[n][1],a[n][2]);
        }
      }
    }
  }
}
```

【程序说明】

根据题意可以知道:每个人应分得 7 个箩筐,其中有 3.5 筐鱼。解决该问题可以采用一个 3 * 3 的数组,数组名为 a 来表示 3 个人分到的东西。其中每个人对应数组 a 的一行,数组的第 0 列放分到的鱼的整筐数,数组的第 1 列放分到的半筐数,数组的第 2 列放分到的空筐数。

由题目可以推出:

①数组的每行和每列的元素之和都为 7;

②对数组的每行来说,满筐数＋半筐数＝3.5;

③每个人所得的满筐数不能超过 3 筐;

④每个人都必须至少有一个半框且半筐数一定为奇数。

对于找到的某种分鱼方案,3 个人谁拿哪一份都是相同的,为了避免出现重复的分配方案,可以规定:第 2 个人的满筐数等于第 1 个人的满筐数;第 2 个人的半筐数大于等于第 1

个人的半筐数。

实例 25　8 个皇后问题

【问题描述】

8 个皇后问题是一个古老而著名的问题,是回溯算法的典型例题。该问题是著名的数学家高斯 1850 年提出:在 8×8 格的国际象棋上摆放 8 个皇后,使其不能互相攻击,即任意两个皇后都不能处于同一行、同一列或同一斜线(对角线)上,问有多少种摆法。部分运行结果如图 9-19 所示。

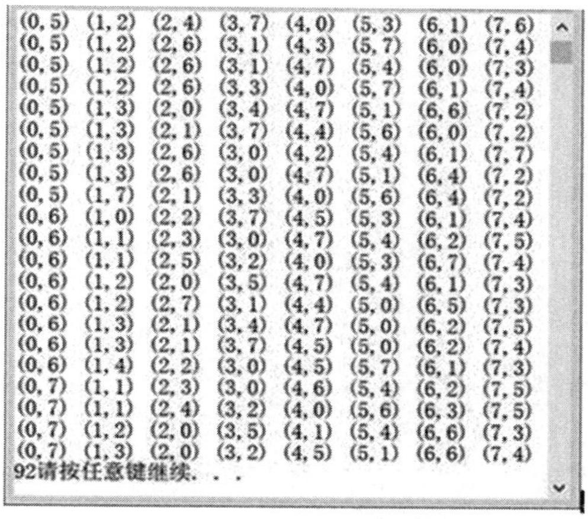

图 9-19　8 个皇后问题

【程序代码】

```c
#include <stdio.h>
#include <stdlib.h>
#define max 8
int queen[max],sum=0;              /*max 为棋盘最大坐标*/

void show()                        /* 输出所有皇后的坐标*/
{
    int i;
    for(i=0;i<max;i++)
    {
        printf("(%d,%d)",i,queen[i]);
    }
    printf("\n");
    sum++;
}

int check(int n)                   /* 检查当前列能否放置皇后*/
{
    int i;
```

```
    for(i=0;i<n;i++)                    /* 检查横排和对角线上是否可以放置皇后*/
    {
        if(queen[i]==queen[n]||abs(queen[i]-queen[n])==(n-i))
        {
            return1;
        }
    }
    return0;
}


void put(int n)                         /* 回溯尝试皇后位置,n 为横坐标*/
{
    int i;
    for(i=0;i<max;i++)
    {
        queen[n]=i;                     /* 将皇后摆到当前循环到的位置*/
        if(! check(n))
        {
            if(n==max-1)
            {
                show();                 /* 如果全部摆好,则输出所有皇后的坐标*/
            }
            else
            {
                put(n+1);               /* 否则继续摆放下一个皇后*/
            }
        }
    }
}


int main()
{
    put(0);                             /* 从横坐标为 0 开始依次尝试*/
    printf("%d",sum);
    return 0;
}
```

【程序说明】

由于 8 个皇后的任意两个不能处在同一行,那么肯定是每一个皇后占据一行。于是我们可以定义一个数组 queen[8],数组中第 i 个元素表示位于第 i 行的皇后的列号。先把数组 queen 的 8 个元素分别用 0～7 初始化,接下来就是对数组 queen 做全排列。因为是用不同的数字初始化数组,所以任意两个皇后肯定不同列。我们只需要判断每一个排列对应的 8 个皇后是不是在同一横行或同一对角线上,也就是对于数组的两个下标 i 和 n,是不是 queen[i]==queen[n]||abs(queen[i]-queen[n])==(n-i)。

实例 26　螺　旋　矩　阵

【问题描述】

　　螺旋矩阵是指一个呈螺旋状的矩阵，它的数字由第一行开始到右边不断变大，向下变大，向左变大，向上变大，如此循环。利用 C 语言实现的螺旋矩阵，当输入 n 之后，会自动打印出 n 行 n 列的螺旋矩阵。运行结果如图 9-20 所示。

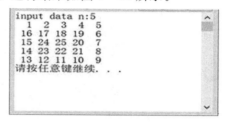

图 9-20　螺旋矩阵

【程序代码】

```
#include "stdio.h"
# define N 10
void main()
{
  int a[N][N];
  int n,k,i,j;
  printf("input data n:");
  scanf("%d",&n);
  k=1;
  for(i=0;i<=(n-1)/2;i++)
  {
    for(j=i;j<=(n-i-1);j++)
    {                          /* 上行填充*/
      a[i][j]=k;
      k++;
    }
    for (j=i+1;j<=(n-i-1);j++)
    {                          /* 右侧填充*/
      a[j][n-i-1]=k;
      k++;
    }
    for (j=n-i-2;j>=i+1;j--)
    {                          /* 下行填充*/
      a[n-i-1][j]=k;
      k++;
    }
    for (j=n-i-1;j>=i+1;j--)
```

```
       {                                      /* 左侧填充*/
         a[j][i]=k;
         k++;
       }
     }
     if(n%2==0)
     {                                        /* 最后元素的考虑*/
       k=k-2;
       a[n/2][n/2]=k;
       a[n/2][n/2-1]=k+1;
     }
     for (i=0;i<n;i++)
     {                                        /* 输出填充后的数组*/
       for (j=0;j<n;j++)
         printf("%3d",a[i][j]);
       printf("\n");
     }
   }
```

【程序说明】

螺旋,有四个方向,从左到右,从上到下,从右到左,从下到上。

对于第一步,要先加上 i,i 从 0 开始,每次执行完一圈,就加 1。

第一个方向,从左到右,从(i,i)开始,从左到右,行 i 不变,列 j 从 i 一直加到 n−i−1。

第二个方向,从上到下,因为列 j 在上一步加多了一步,需要对 j 进行 j－－,对于 i 也要加 1,因为第 i 行的所有数字,在上一步都完成了。这一步,是列 j 不变,行 i 从上一步的 i 加 1 ,一直加到 n−i−1。

第三个方向,从右到左,因为行 i 在上一步加多了一步,需要对 i 进行 i－－。这一步,需要行 i 不变,列 j 需要 j－－,直到 i。

第四个方向,从下到上,因为列 j 在上一步减多了一步,需要对 j 进行 j++,这一步,需要列 j 不变,行 i 一直 i－－,直到 i+1。不能到 i,因为不能到达第 i 行,第 i 行在第一个方向上已经赋值过了。

实例 27 人机猜数

【问题描述】

由计算机随机产生一个四位整数,请人猜这四位整数是多少。人输入一个四位数后,计算机首先判断其中有几位猜对了,并且对的数字中有几位位置也正确,将结果显示出来,给人以提示,请人再猜,直到人猜出计算机随机产生的四位数是多少为止。

例如:计算机产生一个四位整数"1234"请人猜,可能的提示如下:

人猜的整数	计算机判断有几个数字正确	有几个位置正确
1122	2A	1B
3344	2A	1B
3312	3A	0B
4123	4A	0B
1243	4A	2B
1234	4A	4B

游戏结束。请编程实现该游戏。运行结果如图 9-21 所示。

图 9-21　人机猜数

【程序代码】

```c
#include <stdio.h>
#include <time.h>
#include <stdlib.h>
int main()
{
    int stime,a,z,t,i,c,m,g,s,j,k,l[4];
                                        /*j:数字正确的位数 k:位置正确的位数*/
    long ltime;
    ltime=time(NULL);
    stime=(unsigned int)ltime/2;
    srand(stime);
    if((rand()%10000)>=1000&&(rand()%10000)<=9999)
    z=rand()%10000;                     /* 计算机给出一个随机数*/
    printf("机器输入四位数* * * * \n");
    printf("\n");
    for(c=1;;c++)                       /*c:猜数次数计数器*/
    {
        printf("请输入你猜的四位数:");
        scanf("%d",&g); /* 请人猜*/
        a=z;j=0;k=0;l[0]=l[1]=l[2]=l[3]=0;
        for(i=1;i<5;i++)
```

```
                                /* i:原数中的第 i 位数。个位为第一位,千位为第 4 位*/
    {
      s=g;m=1;
      for(t=1;t<5;t++)                    /* 人所猜想的数*/
      {
        if(a%10==s%10)                    /* 若第 i 位与人猜的第 t 位相同*/
        {
          if(m&&t!=l[0]&&t!=l[1]&&t!=l[2]&&t!=l[3])
          {
            j++;m=0;l[j-1]=t;
            /* 若该位置上的数字尚未与其他数字"相同"*/
          }                               /* 记录相同数字时,该数字在所猜数字中的位置*/
          if(i==t)  k++;                  /* 若位置也相同,则计数器 k 加 1*/
        }
        s/=10;
      }
      a/=10;
    }
    printf("你猜的结果是");
    printf("%dA%dB\n",j,k);
    if(k==4)
    {
      printf("* * * * 你赢了* * * * * \n");
      printf("\n~ ~ * * * * * * * ~ ~ \n");
      break;                              /* 若位置全部正确,则人猜对了,退出*/
    }
  }
  printf("你总共猜了 %d 次.\n",c);
}
```

【程序说明】

判断相同位置上的数字是否相同不需要特殊的算法。只要截取相同位置上的数字进行比较即可。

程序中截取计算机随机产生的数的每位数字与人所猜的数字按位比较。若有两位数字相同,则要记住所猜中数字的位置,使该位数字只能与一位对应的数字"相同"。当截取下一位数字进行比较时,就不应再与上述位置上的数字进行比较,以避免所猜的数中的一位与对应数中多位数字"相同"的错误。

第 10 章　指　　针

实例 1　大　数　乘　方

【问题描述】

编程计算大数的乘方，即 x^y，这里 x 和 y 都是较大的整数。运行结果如图 10-1 所示。

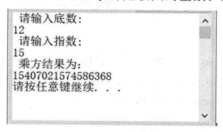

请输入底数:
12
请输入指数:
15
乘方结果为:
15407021574586368
请按任意键继续. . .

图 10-1　大数乘方

【程序代码】

```
#include <stdio.h>
#include <stdlib.h>
void main()
{
  int *a,n,b;
  int i;
  int j;
  a=(int *)malloc(sizeof(int)*200000);
  for (i=0;i<200000;i++)
    a[i]=0;
  a[199999]=1;
  printf("请输入底数:\n");
  scanf("%d",&b);
  printf("请输入指数:\n");
  scanf("%d",&n);
  for(i=1;i<n+1;i++)
  {
    for(j=0;j<200000;j++)
      a[j]*=b;
    for(j=199999;j>=0;j--)
      if(a[j]>=10)
      {
        a[j-1]+=a[j]/10;
        a[j]%=10;
      }
  }
```

```
for(i=0;a[i]==0;i++);
  printf("乘方结果为:\n");
for(;i<200000;i++)
  printf("%d",a[i]);
printf("\n");
free(a);
}
```

实例 2　查找位置信息

【问题描述】

从键盘输入字符串 str1 和 str2,查找 str1 字符串中第一个不属于 str2 字符串中字符的位置,并将该位置输出,再从键盘输入 str3 和 str4,查找 str3 中是否包含 str4,无论包含与否给出提示信息。运行结果如图 10-2 所示。

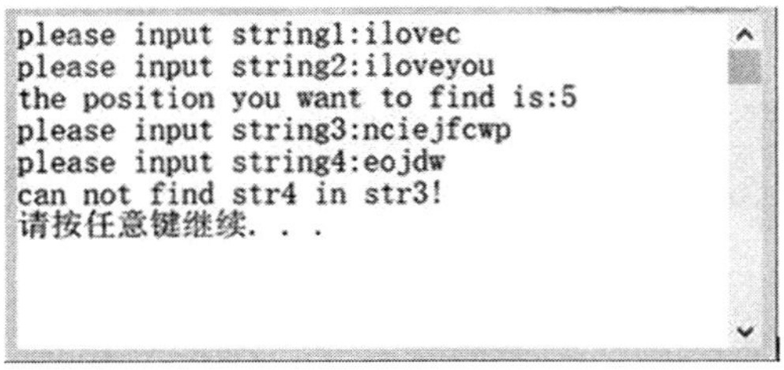

```
please input string1:ilovec
please input string2:iloveyou
the position you want to find is:5
please input string3:nciejfcwp
please input string4:eojdw
can not find str4 in str3!
请按任意键继续. . .
```

图 10-2　查找位置信息

【程序代码】

```
#include <string.h>
#include <stdio.h>
void main()
{
  char str1[30],str2[30],str3[30],str4[30],*p;
  int pos;
  printf("please input string1:");
  gets(str1);                      /* 从键盘中输入字符串 1*/
  printf("please input string2:");
  gets(str2);                      /* 从键盘中输入字符串 2*/
  pos=strspn(str1,str2);           /* 调用函数 strspn 找出不同的位置*/
  printf("the position you want to find is:%d\n",pos);
  printf("please input string3:");
  gets(str3);                      /* 从键盘中输入字符串 3*/
  printf("please input string4:");
  gets(str4);                      /* 从键盘中输入字符串 4*/
  p=strstr(str3,str4);             /* 调用函数 strstr 查看 str3 中是否包含 str4*/
  if (p)
  {
    printf("str3 include str4\n");
```

```
    }
    else
    {
      printf("can not find str4 in str3!");
    }
    printf("\n");
}
```

【程序说明】

本实例中用到了 strspn()与 strstr()函数。

(1)strspn()函数。

```
char *strspn(char *str1,char *str2);
```

该函数的作用是在 str1 字符串中寻找第一个不属于 str2 字符串中字符的位置。该函数返回 str1 中第一个与 str2 任一个字符不相匹配的字符下标。该函数的原型在 string.h 中。

(2)strstr()函数。

```
char *strstr(char *str1,char *str2);
```

该函数的作用是在字符串 str1 中寻找 str2 字符串的位置,并返回指向该位置的指针,如果没有找到相匹配的就返回空指针。

实例 3　寻找相同元素的指针

【问题描述】

比较两个有序数组中的元素,输出两个数组中的第一个相同的元素值。运行结果如图 10-3所示。

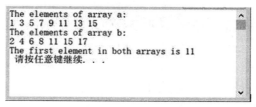

图 10-3　寻找相同元素的指针

【程序代码】

```
#include "stdio.h"
int* find(int*pa,int*pb,int an,int bn)
{
    int *pta,*ptb;
    pta=pa;
    ptb=pb;
    while(pta<pa+an&&ptb<pb+bn)
    {
        if(*pta<*ptb)
            pta++;
```

```
        els eif(*pta>*ptb)
            ptb++;
        else
            returnpta;                          /* 如果两个值相等,返回这个值的指针 */
    }
    return 0;
}

void main()
{
    int *p,i;
    int a[]= {1,3,5,7,9,11,13,15};
    int b[]= {2,4,6,8,11,15,17};
    printf("The elements of array a:\n");
    for(i=0;i<sizeof(a)/sizeof(a[0]);i++)
        printf("%d",a[i]);                      /* 输出数组 a 的元素 */
    printf("\nThe elements of array b:\n");
    for(i=0;i<sizeof(b)/sizeof(b[0]);i++)
        printf("%d",b[i]);                      /* 输出数组 b 的元素 */
    p=find(a,b,sizeof(a)/sizeof(a[0]),sizeof(b)/sizeof(b[0]));
    if(p)
        printf("\nThe first element in both arrays is %d\n",*p);
    else
        printf("Doesn't found the same element! \n");
}
```

【程序说明】

本实例中自定义了一个指针函数,这类函数的返回值为指针型数值,即一个地址。该函数的定义形式如下:

```
int *find(int*pa,int*pb,int an,int bn);
```

在程序代码中,以如下形式调用这类指针函数:

```
P=find(a,b,sizeof(a)/sizeof(a[0]),sizeof(b)/sizeof(b[0]));
```

变量 p 是一个整型指针,该函数返回一个指向整型变量的指针。

实例 4　卡布列克常数

【问题描述】

对于任意一个四位数 n,进行如下的运算:

①将组成该四位数的 4 个数字由大到小排列,形成由这 4 个数字构成的最大的四位数;

②将组成该四位数的 4 个数字由小到大排列,形成由这 4 个数字构成的最小的四位数(如果 4 个数中含有 0,则得到的数不足四位);

③求这两个数的差,得到一个新的四位数(高位零保留)。

这称为对 n 进行了一次卡布列克运算。

存在这样一个规律:对一个各位数字不全相同的四位数重复进行若干次卡布列克运算,最后得到的结果总是 6174,这个数被称为卡布列克数。要求编程来验证卡布列克常数。运行结果如图 10－4 所示。

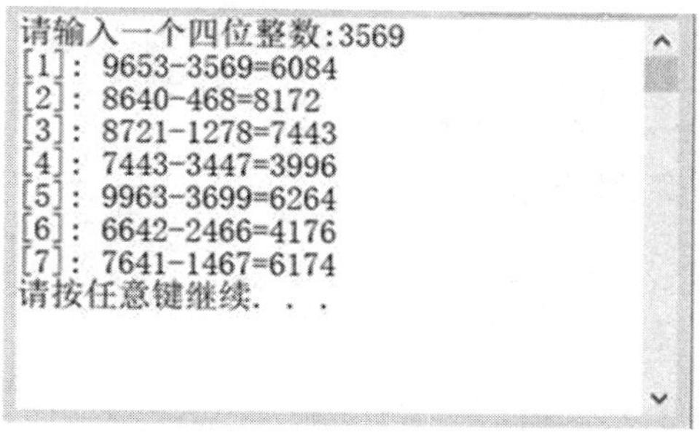

图 10－4　卡布列克数

【程序代码】

```c
#include <stdio.h>
void kblk(int);
void parse_sort(int num,int* array);
void max_min(int* array,int*max,int *min);
void parse_sort(int num,int* array);
int count=0;
int main()
{
  int n;
  printf("请输入一个四位整数:");
  scanf("%d",&n);
  kblk(n);                        /* 调用 kblk 函数进行验证*/
}
/* 递归函数*/
void kblk(int num)
{
  int array[4],max,min;
  if(num!=6174&&num)              /* 若不等于 6174 且不等于 0 则进行卡布列克运算*/
  {
    parse_sort(num,array);        /* 将四位整数分解,各位数字存入 array 数组中*/
    max_min(array,&max,&min);     /* 求各位数字组成的最大值和最小值*/
    num=max-min;                  /* 求最大值和最小值的差*/
    printf("[%d]:%d-%d=%d\n",++count,max,min,num);  /* 输出该步计算过程*/
    kblk(num);                    /* 递归调用,继续进行卡布列克运算*/
  }
}
/* 分解并排序*/
void parse_sort(int num,int *array)
{
  int i,*j,*k,temp;
```

```
    for(i=0;i<4;i++)                    /* 将 num 分解为数字 */
    {
      j=array+3-i;                      /* 指针变量 j 用来指向数组元素 */
      *j=num%10;                        /* 将四位整数 num 中的各位数字存入 array 数组 */
      num/=10;
    }
    /* 冒泡排序,每次产生一个最大值*/
    for(i=0;i<3;i++)
      for(j=array,k=array+1;j<array+3-i;j++,k++)
        if(*j>*k)
        {
          temp=*j;
          *j=*k;
          *k=temp;
        }
    return;
}
/* 求出分解后的四位数字所构成的最大值和最小值*/
void max_min(int *array,int *max,int *min)
{
  int*i;
  *min=0;
  for(i=array;i<array+4;i++)            /* 还原为最小的整数*/
  *min=*min*10+*i;
  *max=0;
  for(i=array+3;i>=array;i--)          /* 还原为最大的整数*/
  *max=*max*10+*i;
  return;
}
```

【程序说明】

定义函数 kblk(n),该函数表示可对 n 进行卡布列克运算,直至结果为 6147 或 0 为止,其中 0 表示各位完全相同时所得到的结果。函数 kblk(n)进行一次卡布列克运算可以得到数组 num,如果 num 既不是 6147 也不是 0,则递归调用函数 kblk(),将 num 作为参数传递给它,即 kblk(num)。递归函数的出口是最终结果为 6147 或 0。

实例 5　农夫过河

【问题描述】

一个农夫在河边带了一匹狼、一只羊和一棵白菜,他需要把这三样东西用船带到河的对岸。然而,这艘船只能容下农夫本人和另外一样东西。如果农夫不在场的话,狼会吃掉羊,羊也会吃掉白菜。请编程为农夫解决这个过河问题。运行结果如图 10-5 所示。

【程序代码】

```c
#include <stdio.h>
```

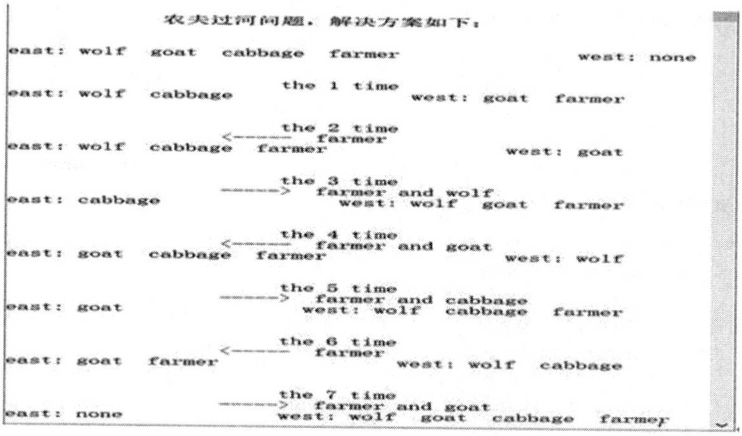

图 10 - 5　农夫过河

```c
#include <stdlib.h>
#include <string.h>
#define N 15
int a[N][4];
int b[N];
char *name[]=
{
  "        ",
  "and wolf",
  "and goat",
  "and cabbage"
};

void search(int Step)
{
  int i;
  /* 若该种步骤能使各值均为 1,则输出结果,进入回归步骤*/
  if(a[Step][0]+a[Step][1]+a[Step][2]+a[Step][3]==4)
  {
    for(i=0;i<=step;i++)              /* 能够依次输出不同的方案*/
    {
      printf("east: ");
      if(a[i][0]==0)
        printf("wolf    ");
      if(a[i][1]==0)
        printf("goat    ");
      if(a[i][2]==0)
        printf("cabbage    ");
      if(a[i][3]==0)
        printf("farmer    ");
```

```
        if(a[i][0]&&a[i][1]&&a[i][2]&&a[i][3])
          printf("none");
        printf("              ");
        printf("west: ");
        if(a[i][0]==1)
          printf("wolf   ");
        if(a[i][1]==1)
          printf("goat   ");
        if(a[i][2]==1)
          printf("cabbage   ");
        if(a[i][3]==1)
          printf("farmer   ");
        if(!(a[i][0]||a[i][1]||a[i][2]||a[i][3]))
          printf("none");
        printf("\n\n\n");
        if(i<step)
          printf("                     the %d time\n",i+1);
        if(i>0&&i<step)
        {
          if(a[i][3]==0)                /* 农夫在本岸 */
          {
            printf("                - - - - >   farmer ");
            printf("%s\n",name[b[i]+1]);
          }
          else                          /* 农夫在对岸 */
          {
            printf("                < - - - -   farmer ");
            printf("%s\n",name[b[i]+1]);
          }
        }
      }
    printf("\n\n\n\n");
    return;
  }
  for(i=0;i<step;i++)
  {
    if(memcmp(a[i],a[Step],16)==0)   /* 若该步与以前步骤相同,取消操作 */
    {
      return;
    }
  }
  /* 若羊和农夫不在一块而狼和羊或者羊和白菜在一块,则取消操作 */
  if(a[Step][1]!=a[Step][3]&&(a[Step][2]==a[Step][1]||a[Step][0]==a[Step][1]))
  {
```

```
      return;
    }
  /* 递归,从带第一种动物开始依次向下循环,同时限定递归的界限 */
  for(i=-1;i<=2;i++)
  {
    b[Step]=i;
    memcpy(a[Step+1],a[Step],16);      /* 复制上一步状态,进行下一步移动 */
    a[Step+1][3]=1-a[Step+1][3];       /* 农夫过去或者回来 */
    if(i==-1)
    {
      search(Step+1);                  /* 进行第一步 */
    }
    else
      if(a[Step][i]==a[Step][3])       /* 若该物与农夫同岸,带回 */
      {
        a[Step+1][i]=a[Step+1][3];     /* 带回该物 */
        search(Step+1);                /* 进行下一步 */
      }
  }
}


int main()
{
  printf("\n\n                   农夫过河问题,解决方案如下:\n\n\n");
  search(0);
  return 0;
}
```

【程序说明】

由于整个过程的实现需要多步,而不同步骤中各个事物所处的位置不同,因此可以定义一个二维数组,来表示 4 个对象:狼、羊、白菜、农夫。对于东岸和西岸,可以用 east 和 west 表示,也可以用 0 和 1 来表示。

题目要求给出 4 种事物的过河步骤,没有对先后顺序进行约束,这就需要给各个事物依次进行编号,然后依次试探,若试探成功,再进行下一步试探,因此,程序用了递归算法,以避免随机盲目运算而且保证每种情况都可以试探到。

题目要求求出农夫带一只羊、一匹狼和一颗白菜过河的所有办法,所以依次成功返回运算结果后,需要继续运算,直到求出所有结果,即给出农夫不同的过河方案。

实例 6　黑白子交换

【问题描述】

有三个白子和三个黑子如图 10-6 所示布置:

〇〇〇　●●●

图 10 - 6　初始位置

　　游戏的目的是用最少的步数将图 10 - 6 中白子和黑子的位置进行交换,使得最终结果如图 10 - 7 所示:

●●●　〇〇〇

图 10 - 7　最终位置

游戏的规则是:

①一次只能移动一个棋子;

②棋子可以向空格中移动,也可以跳过一个对方的棋子进入空格;

③白色棋子只能往右移动,黑色棋子只能向左移动,不能跳过两个子。

请用计算机实现上述游戏。运行结果如图 10 - 8 所示。

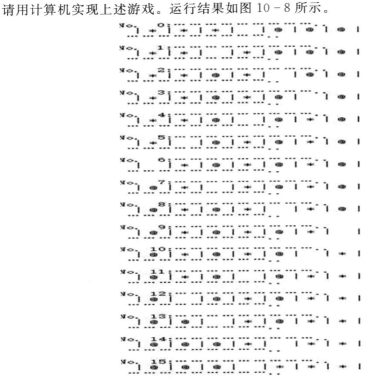

图 10 - 8　黑白子交换

【程序代码】

```
# include <stdio.h>
int number;
void print(int a[]);
void change(int *n,int *m);
int main()
{
    int t[7]= {1,1,1,0,2,2,2};          /* 初始化数组 1:白子 2:黑子 0:空格*/
    int i,flag;
    print(t);
```

```
       /* 若还没有完成棋子的交换则继续进行循环*/
       while(t[0]+t[1]+t[2]!=6||t[4]+t[5]+t[6]!=3)              /* 判断游戏是否结束*/
       {
          flag=1;/* flag 为棋子移动一步的标记,flag=1 表示尚未移动棋子,flag=0 表示已经移动棋
子*/
          for(i=0;flag&&i<5;i++)                    /* 若白子可以向右跳过黑子,则白子向右跳*/
          if(t[i]==1&&t[i+1]==2&&t[i+2]==0)
          {
             change(&t[i],&t[i+2]);
             print(t);
             flag=0;
          }
          for(i=0;flag&&i<5;i++)                    /* 若黑子可以向左跳过白子,则黑子向左跳*/
          if(t[i]==0&&t[i+1]==1&&t[i+2]==2)
          {
             change(&t[i],&t[i+2]);
             print(t);
             flag=0;
          }
          for(i=0;flag&&i<6;i++)
          /* 若向右移动白子不会产生阻塞,则白子向右移动*/
             if(t[i]==1&&t[i+1]==0&&(i==0||t[i-1]!=t[i+2]))
             {
                change(&t[i],&t[i+1]);
                print(t);
                flag=0;
             }
          for(i=0;flag&&i<6;i++)
          /* 若向左移动黑子不会产生阻塞,则黑子向左移动*/
             if(t[i]==0&&t[i+1]==2&&(i==5||t[i-1]!=t[i+2]))
             {
                change(&t[i],&t[i+1]);
                print(t);
                flag=0;
             }
       }
    }

void print(int a[])
{
   int i;
   printf("No. %2d:……………………..\n",number++);
   printf(" ");
   for(i=0;i<=6;i++)
```

```
    printf(" | %c",a[i]==1?'* ':(a[i]==2?'@ ':' '));
  printf(" |\n ………………………..\n\n");
}

void change(int *n,int *m)
{
  int term;
  term=*n;
  *n=*m;
  *m=term;
}
```

【程序说明】

计算机解决这类问题的关键是要找出问题的规律,或者说是要制定一套计算机行动的规则。分析本题,先用人来解决问题,可总结出以下规则:

①若白子可以向右跳过黑子,则白子向右跳,转⑤;若不行,转②;

②若黑子可以向左跳过白子,则黑子向左跳,转⑤;若不行,转③;

③若向右移动白子不会产生阻塞,则白子向右移动,转⑤;若会,转④;

④若向左移动黑子不会产生阻塞,则黑子向左移动,转⑤;

⑤判断游戏是否结束,若没有结束,则继续。

所谓的"阻塞"现象指的是:在移动棋子的过程中,两个尚未到位的同色棋子连接在一起,使棋盘中的其他棋子无法继续移动。

实例7　字符串替换

【问题描述】

编程实现将字符串"today is Monday"替换成"today is Friday"。运行结果如图 10-9 所示。

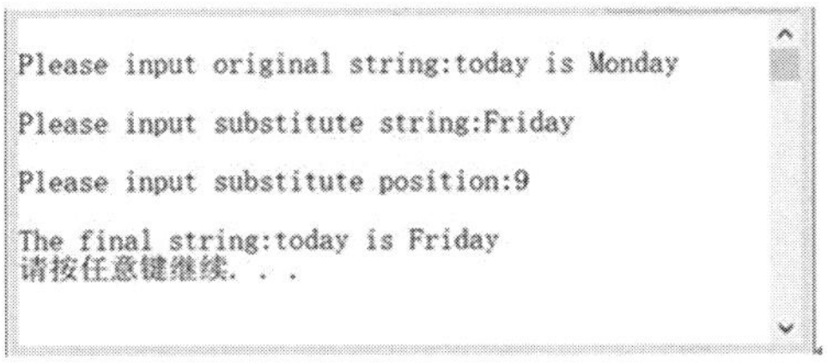

图 10-9　字符串替换

【程序代码】

```
#include <stdio.h>
char *replace(char *s1,char *s2,int pos)              /* 自定义替代函数*/
{
  int i,j;
  i=0;
  for (j=pos; s1[j]!='\0'; j+                          /* 从原字符串指定位置开始替代*/
```

```
    if (s2[i]!='\0')
    {
      s1[j]=s2[i];                          /* 将替代内容逐个放到原字符串中 */
      i++;
    }
    else
      break;
  return s1;                                /* 将替代后的字符按串输出 */
}
void main()
{
  char string1[100],string2[100];          /* 定义两个字符数组 */
  int position;
  printf("\nPlease input original string:");
  gets(string1);                           /* 输入字符串 1 */
  printf("\nPlease input substitute string:");
  gets(string2);                           /* 输入字符串 2 */
  printf("\nPlease input substitute position:");
  scanf("%d",&position);                    /* 输入要替换的位置 */
  replace(string1,string2,position);       /* 调用替换函数 */
  printf("\nThe final string:%s\n",string1); /* 输出最终字符串 */
}
```

【程序说明】

　　首先输入字符串 1，再输入要替换的内容和位置（字符串 1 中的位置），这时只需从替换位置开始将要替换的内容逐个复制到字符串 1 中，直到遇到字符串 1 的结束符或遇到替换字符串的结束符即结束替换。程序中字符串 1 的位置从 0 开始。

实例 8　指定位置插入字符

【问题描述】

　　请编写程序，实现以下功能：在字符串中的所有数字字符前加一个 $ 字符。例如，输入 A1B23CD45，输出：A$1B$2$3CD$4$5。

【程序代码】

```
#include <stdio.h>
void fun(char * s)
{
  char t[80];
  int i,j;
  for(i=0;s[i];i++)                        /* 将串 s 拷贝至串 t */
    t[i]=s[i];
  t[i]='\0';
  for(i=0,j=0;t[i];i++)
    /* 对于数字字符先写一个 $ 符号，再写该数字字符 */
```

```
    if(t[i]>='0'&&t[i]<='9')
    {
       s[j++]='$';
       s[j++]=t[i];
    }
    /* 对于非数字字符原样写入串s*/
    else
       s[j++]=t[i];
    s[j]='\0';                                    /* 在串s结尾加结束标志*/
}
void main()
{
  char s[80];
  printf ( "Enter a string:" );
  scanf ("%s",s );                                /* 输入字符串*/
  fun(s);
  printf ("The result: %s\n",s );                 /* 输出结果*/
}
```

【程序说明】

在字符串 S 的所有数字字符前加一个 $ 字符,可以有两种实现方法:

方法一:用串 S 拷贝出另一个串 T,对串 T 从头至尾扫描,对非数字字符原样写入串 S,对于数字字符先写一个 $ 符号再写该数字字符,最后,在 S 串尾加结束标志。使用此方法是牺牲空间,赢得时间。

方法二:对串 S 从头至尾扫描,当遇到数字字符时,从该字符至串尾的所有字符右移一位,在该数字字符的原位置上写入一个 $。使用此方法是节省了空间,但浪费了时间。

本程序采用的是方法一。

实例 9　字符串中的最长单词

【问题描述】

输入一行字符,其中每个单词之间用空格分隔开,输出最长的单词的字符数。运行结果如图 10 - 10 所示。

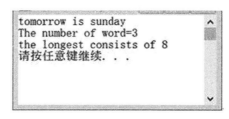

图 10 - 10　字符串中的最长单词

【程序代码】

```
#include "stdio.h"
void main()
```

```c
{
    char str[80];
    int i,num=0,flag=0;
    int s=0,s1=0;
    char c;
    gets(str);
    for(i=0;(c=str[i])!='\0';i++)
        if(c==' ')
        {                              /* 当前读入空格,那么原有单词结束 */
            flag=0;                    /* 更改当前字符状态为 0*/
            if (s>s1)                  /* 和最长的单词数目进行比较*/
                s1=s;                  /* 若是最长的单词,更改最长单词标志*/
            s=0;                       /* 统计下一个单词字符数的变量 s 值还原为 0*/
        }
        else
        {
            s++;                       /* 否则为普通字符,当前单词统计量自增*/
            if(flag==0)                /* 前一个字符为 0,表明新单词开始*/
            {
                flag=1;
                num++;
            }
        }
    if (s1<s) s1=s;                    /* 最后一个单词是否为最长的单词*/
    printf("The number of word=%d\nthe longest consists of %d\n", num,s1);
}
```

第 11 章 结构体和共用体

实例 1 商品信息的动态存放

【问题描述】

动态分配一块内存区域,并存放一个商品信息。运行结果如图 11-1 所示。

图 11-1 商品信息的动态存放

【程序代码】
```c
# include <stdio.h>
# include <stdlib.h>
void main()
{
    struct com                          /* 定义商品信息的结构体*/
    {
        int num;                        /* 编号*/
        char *name;                     /* 商品名称*/
        int count;                      /* 数量*/
        double price;                   /* 单价*/
    }* commodity;
    commodity= (struct com*)malloc(sizeof(struct com));      /* 分配内存空间*/
    commodity->num=1001;                /* 赋值商品编号*/
    commodity->name="苹果";            /* 赋值商品名称*/
    commodity->count=100;               /* 赋值商品数量*/
    commodity->price=2.1;               /* 赋值单价*/
    printf("编号=%d\n 名称=%s\n 数量=%d\n 价格=%f\n",commodity->num,commodity->
name,commodity->count,commodity->price);
}
```

实例 2 当前时间转换

【问题描述】

编程实现将当前时间转换为格林尼治时间,同时将当前时间和格林尼治时间输出到屏幕上。运行结果如图 11-2 所示。

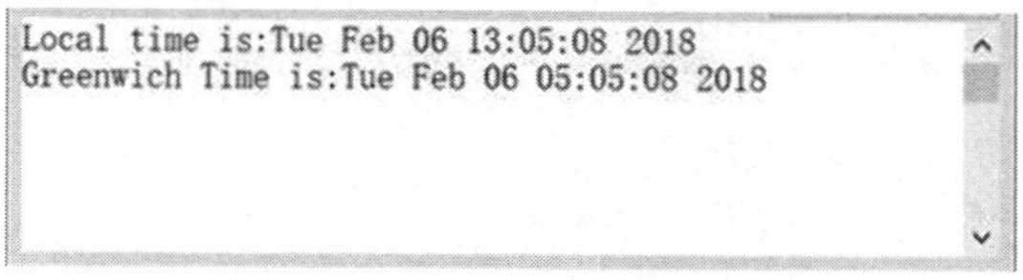

```
Local time is:Tue Feb 06 13:05:08 2018
Greenwich Time is:Tue Feb 06 05:05:08 2018
```

图 11-2　当前时间转换

【程序代码】

```c
# include <stdio.h>
# include <stdlib.h>
# include <time.h>
# include <conio.h>
void main()
{
  time_t Time;                          /* 定义 Time 为 time_t 类型 */
  struct tm *t,  *gt;                    /* 定义指针 t 和 gt 为 tm 结构类型 */
  Time=time(NULL);                      /* 将 time 函数返回值存到 Time 中 */
  t=localtime(&Time);                   /* 调用 localtime 函数 */
  printf("Local time is:%s",asctime(t));
  /* 调用 asctime 函数,以固定格式输出当前时间 */
  gt=gmtime(&Time);
  /* 调用 gmtime 函数,将当前时间转换为格林尼治时间 */
  printf("Greenwich Time is:%s",asctime(gt));
  getch();
}
```

【程序说明】

本实例中用到了 gmtime()函数,其语法格式如下:

```c
struct tm *gmtime(const time_t *t);
```

该函数的作用是将日期和时间转换为格林尼治时间。该函数的原型在 time.h 中。gmtime()函数返回指向分解时间的结构的指针,该结构是静态变量,每次调用 gmtime()函数时都要重写该结构。

实例 3　输出教师信息

【问题描述】

设有一个教师与学生通用的表格,教师数据有姓名、年龄、职业和教研室 4 项,学生有姓名、年龄、职业和班级 4 项。编程输入相关人员数据,再以表格形式输出。运行结果如图 11-3 所示。

【程序代码】

```c
# include <stdio.h>
# include <string.h>
struct person{
  char name[10];
  int age;
```

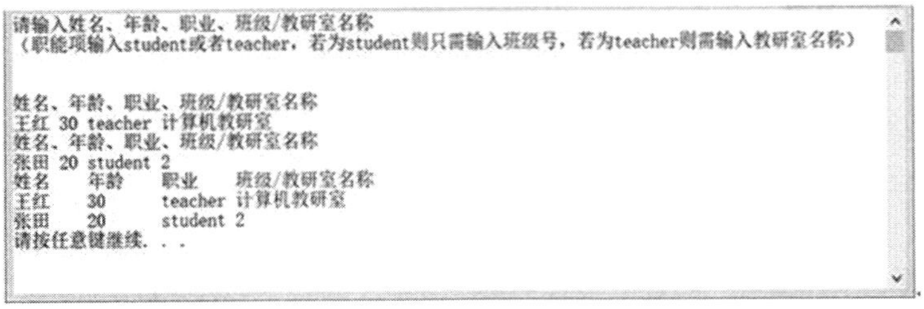

图 11 - 3　输出教师信息

```c
  char job[10];
  union
  {
    int mclass;
    char office[20];
  }depa;
};
void main()
{
  struct person body[2];
  int n,i;
  printf("请输入姓名、年龄、职业、班级/教研室名称(职能项输入 student 或者 teacher,若为
student 则只需输入班级号,若为 teacher 则需输入教研室名称)\n\n\n");
  for(i=0;i<2;i++)
  {
    printf("姓名、年龄、职业、班级/教研室名称\n");
    scanf("%s%d%s",body[i].name,&body[i].age,body[i].job);
    if(strcmp(body[i].job,"student") ==0)
      scanf("%d",&body[i].depa.mclass);
    else if(strcmp(body[i].job,"teacher") ==0)
      scanf("%s",body[i].depa.office);
  }
  printf("姓名\t 年龄\t 职业 \t 班级/教研室名称\n");
  for(i=0;i<2;i++)
  {
    if(strcmp(body[i].job,"student") ==0)
      printf("%s\t%d\t%s\t%d\n",
          body[i].name,body[i].age,body[i].job,body[i].depa.mclass);
    else printf("%s\t%d\t%s\t%s\n",
          body[i].name,body[i].age,body[i].job,body[i].depa.office);
  }
}
```

【程序说明】

这里我们设计一个构造数据类型,用于模拟通用表格的格式,由于学生与教师前三项相同,只有最后一项不同,这里我们将最后一项设为共用体。

实例4 候选人选票程序

【问题描述】

假设有3个候选人,在屏幕上输入要选择的候选人姓名,有10次投票机会,最后输出每个人的得票结果。运行结果如图11-4所示。

图 11-4 候选人选票程序

【程序代码】

```
#include <stdio.h>
#include <string.h>
struct candidate                              /* 定义结构体类型 */
{
  char name[20];                              /* 存储名字 */
  int count;                                  /* 存储得票数 */
} cndt[3]= {{"王",0},{"张",0},{"李",0}};       /* 定义结构体数组 */

void main()
{
  int i,j;
  char Ctname[20];
  for(i=1;i<=10;i++)                          /* 进行10次投票 */
  {
    scanf("%s",&Ctname);                      /* 输入候选人姓名 */
    for(j=0;j<3;j++)
    {
      if(strcmp(Ctname,cndt[j].name)==0)      /* 字符串比较 */
        cndt[j].count++;                      /* 给相应的候选人票数加1 */
    }
  }
  for(i=0;i<3;i++)
  {
    printf("%s : %d\n",cndt[i].name,cndt[i].count);          /* 输出投票结果 */
```

```
  }
}
```

【程序说明】

为候选人设定数据类型以描述候选人的姓名以及票数信息,因此定义一个结构体类型,名为 candidate,成员字符数组 name 表示候选人姓名,以及 count 描述候选人得票数目。设定数组 cndt,存放 3 个元素,初始化候选人姓名以及票数为 0。主函数中设定循环输入 10 个候选人姓名,输入的姓名和某个候选人姓名相同,则相应的候选人的票数增加。

比较姓名时,因为是字符串之间的比较,不能利用关系运算符比较,必须用 strcmp()函数比较。

实例 5　约瑟夫环

【问题描述】

17 世纪的法国数学家加斯帕在《数目的游戏问题》中讲的一个故事,15 个教徒和 15 个非教徒在深海上遇险,必须将一半的人投入海中,其余的人才能幸免于难。于是想了一个办法:将 30 个人围成一个圆圈,从第一个人开始依次报数,每数到第 9 个人就将他扔入大海,如此循环进行直到仅剩 15 个人为止。问怎样排法,才能使每次投入大海的都是非教徒。运行结果如图 11-5 所示。

图 11-5　约瑟夫环

【程序代码】

```c
#include <stdio.h>
struct node
{
  int flag;                 /* 是否被扔下海的标记。1:没有被扔下海。0:已被扔下海*/
  int next;                 /* 指向下一个人的指针(下一个人的数组下标)*/
}array[31];                 /* 30 个人,0 号元素没有被使用*/
int main()
{
  int i,j,k;
  printf("最终结果为(s:被扔下海,b:在船上):\n");
  for(i=1;i<=30;i++)        /* 初始化结构体数组*/
  {
    array[i].next=i+1;      /* 指针指向下一个人(数组元素下标)*/
    array[i].flag=1;        /* 标志置为 1,表示人都在船上*/
  }
```

```
array[30].next=1;                    /* 第 30 个人的指针指向第一个人以构成环*/
j=30;                    /*j:指向已经处理完毕的数组元素,从 array[i]指向的人开始计数*/
for(i=0;i<15;i++)                    /*i:已扔下海的人数计数器,共 15 个人*/
{
  for(k=0;;)                    /*k:决定哪个人被扔下海的计数器*/
    if(k< 9)
    {
      j=array[j].next;         /* 修改指针,取下一个人*/
      k+=array[j].flag;        /* 进行计数。已扔下海的人标记为 0*/
    }
    else break;                    /* 计数到 9 则停止计数*/
    array[j].flag=0;               /* 将标记置 0,表示该人已被扔下海*/
}
for(i=1;i<=30;i++)                    /* 输出结果*/
  printf("%c",array[i].flag? 'b':'s');            /*s:被扔下海,b:在船上*/
printf("\n");
}
```

【程序说明】

问题描述中说"将 30 个人围成一个圆圈",据此可以考虑使用一个循环的链来表示。

使用结构体数组来构成一个循环链表。链表中的每个节点都有两个成员,其中一个成员用于标记某个人是否被扔下海,为 0 表示被扔下海,为 1 表示还在船上;另一个成员用于存放指向下一个人的指针,以便构成环形的循环链。程序从第一人开始对还未扔下海的人进行计数,每数到 9 时,就将结构体中的标记改为 0,表示该人已经被扔下海了,如此循环计数直到有 15 个人被扔下海为止。

实例 6　个人所得税问题

【问题描述】

编写一个计算个人所得税的程序,要求输入收入金额后,能够输出应缴的个人所得税。个人所得税征收办法如下:

起征点为 3500 元。

不超过 1500 元的部分,征收 3%;

超过 1500～4500 元的部分,征收 10%;

超过 4500～9000 元的部分,征收 20%;

超过 9000～35000 元的部分,征收 25%;

超过 35000～55000 元的部分,征收 30%;

超过 55000～80000 元的部分,征收 35%;

超过 80000 元以上的,征收 45%。运行结果如图 11-6 所示。

【程序代码】

```
#include <stdio.h>
#define TAXBASE  2000
/* 定义结构体*/
```

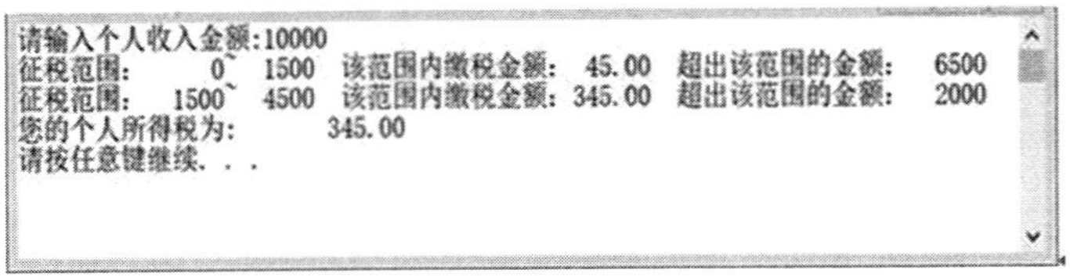

图 11-6　个人所得税问题

```c
    typedef struct{
    long start;
    long end;
    double taxrate;
    }TAXTABLE;
TAXTABLE TaxTable[]= {{0,1500,0.03},{1500,4500,0.10},{4500,9000,0.20},
{9000,35000,0.25},{35000,55000,0.30},{55000,80000,0.35},{80000,1e10,0.45}};

double CaculateTax(long profit)
    {
    int i;
    double tax=0.0;
    profit-=tAXBASE;
    for(i=0;i<sizeof(TaxTable)/sizeof(TAXTABLE); i++)
    {
      if(profit>TaxTable[i].start)
      {
        if(profit>TaxTable[i].end)
        {
          tax+=(TaxTable[i].end-TaxTable[i].start)*taxTable[i].taxrate;
        }
        else
        {
          tax+=(profit-TaxTable[i].start)*taxTable[i].taxrate;
        }
        profit-=taxTable[i].end;
        printf("征税范围:%6ld~%6ld 该范围内缴税金额:%6.2f 超出该范围金额:%6ld\n",
TaxTable[i].start,TaxTable[i].end,tax,(profit)>0?profit:0);
      }
    }
    return tax;
    }
    void main()
    {
    long profit;
    double tax;
    printf("请输入个人收入金额:");
```

```
scanf("%ld",&profit);
tax=caculateTax(profit);
printf("您的个人所得税为: %12.2f\n",tax);
}
```

【程序说明】

使用结构体数组存放不同的税率范围。接着使用 for 循环遍历每一个征税范围,将个人收入中超出起征点的金额在每个征税范围内应缴纳的税款累加起来,就得到最后应缴纳的个人所得税。

实例 7　求一个数的补码

【问题描述】

输入一个八进制数,求出其补码并输出结果。

【程序代码】

```
# include <stdio.h>
void main()
{
  unsigned short  a,z;
  printf("请输入一个八进制数:\n");
  scanf("%o",&a);                  /* 输入一个八进制数*/
  z=a&0100000;                     /* 0100000 的二进制形式为最高位为 1,其余为 0*/
  if(z==0100000)                   /* 如果 a 小于 0*/
    z=~a+1;                        /* 取反加 1*/
  else
  z=a;
  printf("结果是: %o\n",z);        /* 将结果输出*/
}
```

【程序说明】

一个正数的补码等于该数原码,一个负数的补码等于该数的反码加 1。在了解了求一个数的补码的计算方法后,本实例的关键是如何判断一个数是正数还是负数。当最高位为 1 时,则该数是负数;当最高位为 0 时,则该数是正数。因此,数据 a 和八进制数据 0100000进行与运算,保留最高位得到数据的正负。

实例 8　合并两个链表

【问题描述】

编程实现将两个链表合并,合并后的链表为原来两个链表的连接,即将第二个链表直接连接到第一个链表的尾部,合成为一个链表。运行结果如图 11-7 所示。

【程序代码】

```
# include <stdio.h>
# include <stdlib.h>
typedef struct student
```

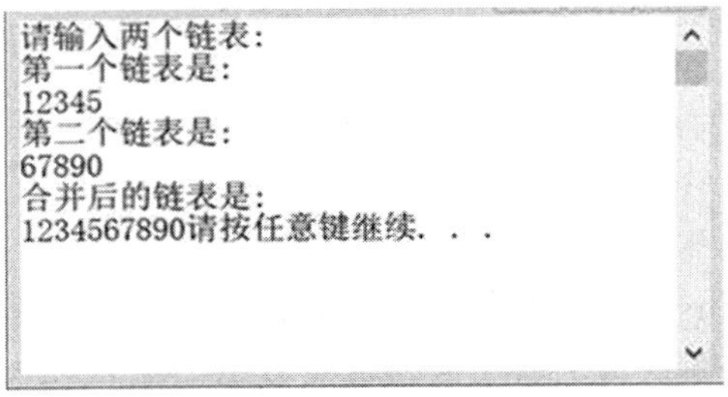

图 11－7　合并两个链表

```
{
    int num;
    struct student *next;
} LNode,*LinkList;


LinkList create(void)
{
    LinkList head;
    LNode *p1,*p2;
    char a;
    head=nULL;
    a=getchar();
    while (a!='\n')
    {
        p1=(LNode*)malloc(sizeof(LNode));          /* 分配空间*/
        p1->num= a;                    /* 数据域赋值*/
        if (head==NULL)
            head=p1;
        else
            p2->next=p1;
        p2=p1;
        a=getchar();
    }
    p2->next=nULL;
    return head;
}


LinkList coalition(LinkList L1,LinkList L2)
{
    LNode *temp;
    if (L1==NULL)
        return L2;
    else
    {
        if (L2!=NULL)
```

```
        {
            for (temp=l1; temp->next!=NULL; temp=temp->next);
            temp->next=l2;              /* 遍历 L1 中节点直到尾节点 */
        }
    }
    return L1;
}


void main()
{
    LinkList L1,L2,L3;
    printf("请输入两个链表:\n");
    printf("第一个链表是:\n");
    L1=create();                    /* 创建一个链表 */
    printf("第二个链表是:\n");
    L2=create();                    /* 创建第二个链表 */
    coalition(L1,L2);               /* 连接两个链表 */
    printf("合并后的链表是:\n");
    while (L1)                      /* 输出合并后的链表 */
    {
        printf("%c",L1->num);
        L1=l1->next;
    }
}
```

【程序说明】

本实例是将两个链表合并，即将两个链表连接起来。主要思想是先找到第一个链表的尾节点，使其指针域指向下一个链表的头节点。

实例 9　单链表节点逆置

【问题描述】

编程实现创建一个单链表，并将链表中的节点逆置，将逆置后的链表输出。运行结果如图 11-8 所示。

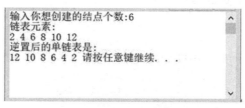

图 11-8　单链表节点逆置

【程序代码】

```
#include <stdio.h>
#include <stdlib.h>
```

```
struct student
{
    int num;
    struct student* next;
};

struct student* create(int n)
{
    int i;
    struct student* head,*p1,*p2;
    int a;
    head=nULL;
    printf("链表元素:\n");
    for(i=n;i>0;--i)
    {
        p1=(struct student*)malloc(sizeof(struct student));      /* 分配空间 */
        scanf("%d",&a);
        p1->num=a;                          /* 数据域赋值 */
        if(head==nULL)
        {
            head=p1;
            p2=p1;
        }
        else
        {
            p2->next=p1;                    /* 指定后继指针 */
            p2=p1;
        }
    }
    p2->next=nULL;
    return head;                            /* 返回头结点指针 */
}

struct student * reverse(struct student * head)
{
    struct student *p,*r;
    if (head->next && head->next->next)
    {
        p=head;                             /* 获取头结点地址 */
        r=p->next;
        p->next=nULL;
        while (r)
        {
            p=r;
```

```
        r=r->next;
        p->next=head;
        head=p;
    } return head;
    }
    return head;                        /* 返回头结点 */
}

void main()
{
    int n,i;
    int x;
    struct student * q;
    printf("输入你想创建的结点个数:");
    scanf("%d",&n);
    q=create(n);                        /* 创建单链表 */
    q=reverse(q);                       /* 单链表逆置 */
    printf("逆置后的单链表是:\n");
    while (q)                           /* 输出逆置后的单链表 */
    {
        printf("%d",q->num);
        q=q->next;
    }
}
```

【程序说明】

本实例实现单链表的逆置,主要算法思想是:将单链表的节点按照从前往后的顺序依次取出,并依次插入到头节点的位置。

实例 10　选 美 比 赛

【问题描述】

一批选手参加比赛,比赛的规则是最后得分越高,名次越低。当半决赛结束时,要在现场按照选手的出场顺序宣布最后得分和最后名次,获得相同分数的选手具有相同的名次,名次连续编号,不用考虑同名次的选手人数。运行结果如图 11 - 9 所示。

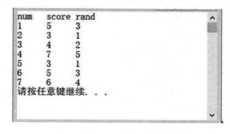

图 11 - 9　选美比赛

【程序代码】

```c
#include "stdio.h"
struct player{
  int num;
  int score;
  int rand;
} ;

/* 应用冒泡排序法,排序后的数组 psn 按照 score 的值从小到大排列*/
void  sortScore(struct player psn[],int n)
{
    int i,j;
    struct player tmp;
    for(i=0;i<n-1;i++)
     for(j=0;j<n-1-i;j++)
     {
         if(psn[j].score>psn[j+1].score)
         {
             tmp=psn[j];
             psn[j]=psn[j+1];
             psn[j+1]=tmp;
         }
     }
}


/* 指定每一位选手的名次*/
void setRand(struct player psn[],int n)
{
    int i,j=2;
    psn[0].rand=1;
    for(i=1;i<n;i++)
    {
        if(psn[i].score!=psn[i-1].score )
        {
            psn[i].rand=j;
            j++;
        }
        else
        psn[i].rand=psn[i-1].rand;
    }
}

/* 最后再按照选手的序号重新排序,以便能够按照选手的序号输出结果*/
void  sortNum(struct player psn[],int n)
```

```
{
    int i,j;
    struct player tmp;
    for(i=0;i<n-1;i++)
     for(j=0;j<n-1-i;j++)
      {
         if(psn[j].num>psn[j+1].num)
         {
             tmp=psn[j];
             psn[j]=psn[j+1];
             psn[j+1]=tmp;
         }
      }
}

void sortRand(struct player psn[],int n)
{
   sortScore(psn,n);                /* 以分数为关键字排序*/
   setRand(psn,n);                  /* 按照分数排名次*/
   sortNum(psn,n);                  /* 按照序号重新排序*/
}

void main()
{
    struct player psn[7]= {{1,5,0},{2,3,0},{3,4,0},{4,7,0},{5,3,0},{6,5,0},{7,6,0}};
   int i;
   sortRand(psn,7);
   printf("num    score rand  \n");
   for(i=0;i<7;i++)
   {
        printf("%d% 6d% 6d\n",psn[i].num,psn[i].score,psn[i].rand);
   }
}
```

【程序说明】

首先题目要求按照选手的出场顺序宣布最后得分，也就是说并不是按照名次的前后顺序输出选手信息，而是按照选手的序号输出最后的得分和名次；其次，题目要求获得相同分数的选手具有相同的名次，并且名次连续编号，不用考虑同名次的选手人数，因此不存在并列名次占位的情况，也就是说如果存在并列第一，那么下一名的名次是第二名，而不是第三名；另外，如果只是简单的对选手的得分序列进行排序，那么选手的得分与选手的序号就不能构成一一对应的关系，那么这样的排序也就没有意义了。出于这几点考虑，此问题并非只使用简单的排序运算就可以解决的。

程序使用结构体来解决该问题。将每个选手的信息（包括序号、得分、名次）存放在一个结构体变量中，然后组成一个结构体数组。最开始每个结构体变量中只存放选手的序号和得分的信息,然后以选手的得分为比较对象,从小到大进行排序。

实例 11 分 块 查 找

【问题描述】

输入 15 个由小到大顺序排列的数,并输入要查找的数,用分块查找法进行查找,如果找到就输出其所在的位置,否则输出提示信息。运行结果如图 11-10 所示。

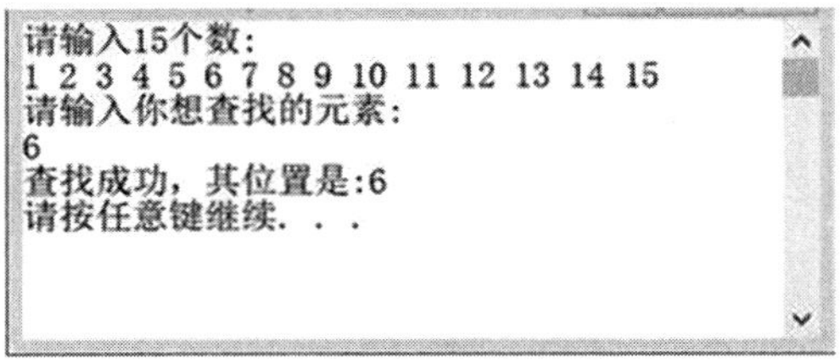

```
请输入15个数:
1 2 3 4 5 6 7 8 9 10 11 12 13 14 15
请输入你想查的元素:
6
查找成功, 其位置是:6
请按任意键继续. . .
```

图 11-10 分块查找

【程序代码】

```c
#include <stdio.h>
struct index
{
    int key;
    int start;
    int end;
} index_table[4];                   /* 定义结构体数组 */

int block_search(int key,int a[])    /* 自定义函数实现分块查找 */
{
    int i,j;
    i=1;
    while(i<=3&&key>index_table[i].key)              /* 确定在那个块中 */
        i++;
    if(i>3)                       /* 大于分得的块数,则返回 0 */
        return 0;
    j=index_table[i].start;        /*j 等于块范围的起始值 */
    while(j<=index_table[i].end&&a[j]!=key)          /* 在确定的块内进行查找 */
        j++;
    if(j>index_table[i].end)
    /* 如果大于块范围的结束值,则说明没有要查找的数,j 置 0 */
        j=0;
    return j;
}

void main()
{
```

```
    inti,j=0,k,key,a[16];
    printf("请输入 15 个数:\n");
    for(i=1;i<16;i++)
        scanf("%d",&a[i]);              /* 输入由小到大的 15 个数*/
    for(i=1;i<=3;i++)
    {
        index_table[i].start=j+1;       /* 确定每个块范围的起始值*/
        j=j+1;
        index_table[i].end=j+4;         /* 确定每个块范围的结束值*/
        j=j+4;
        index_table[i].key=a[j];        /* 确定每个块范围中元素的最大值*/
    }
    printf("请输入你想查找的元素:\n");
    scanf("%d",&key);                   /* 输入要查询的数值*/
    k=block_search(key,a);              /* 调用函数进行查找*/
    if(k!=0)
        printf("查找成功,其位置是:%d\n",k);           /* 如果找到该数,则输出其位置*/
    else
        printf("查找失败!");            /* 若未找到则输出提示信息*/
}
```

【程序说明】

分块查找也称为索引顺序查找,要求将待查的元素均匀地分成块,块间按大小排序,块内不排序,所以要建立一个块的最大(或最小)关键字表,称为索引表。

本实例中将给出的 15 个数按关键字大小分成了 3 块,这 15 个数的排列是一个有序序列,也可以给出无序序列,但必须满足分在第一块中的任意数都小于第二块中的所有数,第二块中的所有数都小于第三块中的所有数。当要查找关键字为 key 的元素时,先用顺序查找,在已建好的索引表中查出 key 所在的块,再在对应的块中顺序查找 key,若 key 存在,则输出其相应位置,否则输出提示信息。

第 12 章 文 件

实例 1 统计文件内容

【问题描述】

输入要进行统计的文件的路径及名称,统计出该文件中字符、空格、数字及其他字符的个数,并将统计结果存到指定的磁盘文件中,运行结果如图 12-1 所示。

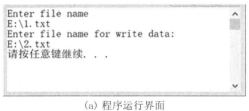

(a) 程序运行界面

(b) 统计后信息存在记事本中

图 12-1 统计文件内容

【程序代码】

```c
#include <stdio.h>
#include <stdlib.h>
void main()
{
    FILE *fp1,*fp2;
    char filename1[50],filename2[50],ch;
    long character,space,other,digit;
    character=space=digit= other=0;
    printf("Enter file name \n");
    scanf("%s",filename1);              /* 输入要进行统计的文件的路径及名称*/
    if ((fp1=fopen(filename1,"r"))==NULL)       /* 以只读方式打开指定文件*/
    {
        printf("cannot open file\n");
        exit(1);
    }
    printf("Enter file name for write data:\n");
    scanf("%s",filename2);              /* 输入文件名即将统计结果放到哪个文件中*/
    if ((fp2=fopen(filename2,"w"))==NULL)
```

```
    {
        printf("cannot open file\n");
        exit(1);
    }
    while ((ch=fgetc(fp1)) != EOF)    /* 直到文件内容结束处停止 while 循环 */
        if (ch>='A'&&ch<='Z'||ch>='a'&&ch<='z')
            character++;              /* 当遇到字母时字符个数加 1 */
        else if (ch==' ')
            space++;                  /* 当遇到空格时空格数加 1 */
        else if (ch>='0'&&ch<='9')
            digit++;                  /* 当遇到数字时数字数加 1 */
        else
            other++;                  /* 当是其他字符时其他字符数加 1 */
    fclose(fp1);
    fprintf(fp2,"character:% ld space:% ld digit:% ld other:% ld\n",character,space,
digit,other);                         /* 将统计结果写入 fp 指向的磁盘文件中 */
    fclose(fp2);
}
```

【程序说明】

输入要进行统计的文件的路径及名称,使用 while 循环遍历要统计的文件中的每个字符,用条件判断语句对读入的字符进行判断,并在相应的用于统计的变量数上加 1,最后将统计结果存到指定的磁盘文件中即可。

实例 2　重命名文件

【问题描述】

从键盘中输入要重命名的文件路径及名称,文件打开成功后输入新的路径及名称。运行结果如图 12-2 所示。

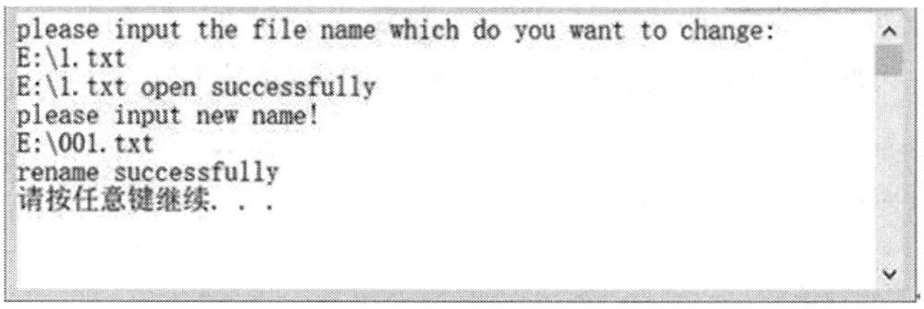

```
please input the file name which do you want to change:
E:\1.txt
E:\1.txt open successfully
please input new name!
E:\001.txt
rename successfully
请按任意键继续...
```

图 12-2　重命名文件

【程序代码】

```c
#include <stdio.h>
#include <stdlib.h>
void main()
{
    FILE *fp;
    char filename1[20],filename2[20];
```

```
    printf("please input the file name which do you want to change:\n");
    scanf("%s",filename1);                    /* 输入要重命名的文件所在的路径及名称*/
    if((fp=fopen(filename1,"r"))==nULL)             /* 以只读方式打开指定文件*/
    {
      printf("%s Cannot open successfully",filename1);
      exit(0);
    }
    else
    {
        printf("%s open successfully",filename1);fclose(fp);
        printf("\nplease input new name!\n");
        scanf("%s",filename2);                       /* 输入新的文件路径及名称*/
        if(rename(filename1,filename2)==0)       /* 调用 rename 函数进行重命名*/
          printf("rename successfully\n");
        else
          printf("cannot rename!!\n");
    }
}
```

【程序说明】

本实例使用了 rename()函数,其语法格式如下:

```
int rename(char * oldfname,char * newfname);
```

该函数的作用是把文件名从 oldfname(旧文件名)改为 newfname(新文件名)。oldfname 和 newfname 中的目录可以不同,因此可用 rename 把文件从一个目录移到另一个目录,该函数的原型在 stdio.h 中。函数调用成功时返回 0,出错时返回非零值。

实例 3   管理学生记录

【问题描述】

向磁盘文件写入 5 个学生记录并从文件读取输出到屏幕,然后读取第四条记录,并用第二条记录进行替换,再将替换后的数据输出。运行结果如图 12-3 所示。

【程序代码】

```
#include <stdio.h>
#include <stdlib.h>
#define N 5
void main()
{
  FILE * fp1;
  int i;
  struct stu
  {
    char name[15];
    char num[6];
    float score[2];
```

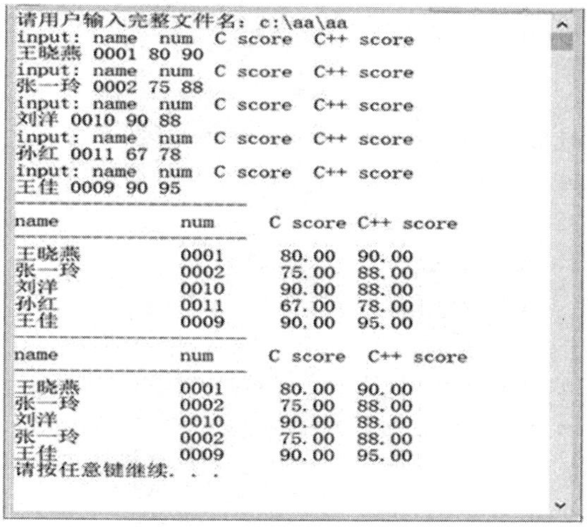

图 12-3　管理学生记录

```
}student[N];
char filename[10];
printf("请用户输入完整文件名:");
scanf("%s",filename);
if((fp1=fopen(filename,"w"))==nULL)
{
  printf("can not open file\n");
  exit(0);
}
for(i=0;i<n;i++)
{
  printf("input: name num C score C++  score\n");
  scanf ("%s%s%f%f", student [i]. name, student [i]. num, &student [i]. score [0],
&student[i].score[1]);
    fwrite(&student[i],sizeof(struct stu),1,fp1);
}
fclose(fp1);

if((fp1=fopen(filename,"r+"))==nULL)            /*  可读写方式打开*/
{
  printf("can not open file\n");
  exit(0);
}
printf("- - - - - - - - - - - - - - - - - - - - \n");
printf("%-15s%-7s%-7s%-7s\n","name","num","C score ","C++score ");
printf("- - - - - - - - - - - - - - - - - - - - \n");
for(i=0;i<n;i++) /* 显示文件内容*/
{
  fread(&student[i],sizeof(struct stu),1,fp1);
```

```
        printf("% - 15s% - 7s% 7.2f% 7.2f\n",student[i].name,student[i].num,student[i].
score[0],student[i].score[1]);
    }
    /*  以下进行文件的随机读写,先定位到第 4 条记录处 */
    fseek( fp1, 3* sizeof(struct stu),SEEK_SET );
    /*  第 4 条记录的内容用第 2 条记录替换 */
    fwrite( &student[1],sizeof(struct stu),1,fp1 );
    fseek(fp1, 0, SEEK_SET ); /* 定位到文件头*/
    printf("- - - - - - - - - - - - - - - - - - \n");
    printf("%-15s% - 7s% - 7s% - 7s\n","name","num","C score ","C++  score ");
    printf("- - - - - - - - - - - - - - - - - - \n");
    for(i=0;i<n;i++)
    {
        fread(&student[i],sizeof(struct stu),1,fp1);
        printf("% - 15s% - 7s% 7.2f% 7.2f\n",student[i].name,student[i].num,student[i].
score[0],student[i].score[1]);
    }
    fclose(fp1);
}
```

参 考 文 献

[1] 何钦铭,颜晖.C 语言程序设计[M].北京:高等教育出版社,2008.

[2] 谭浩强.C 程序设计[M].3 版.北京:清华大学出版社,2005.

[3] 钱能.C++程序设计教程[M].2 版.北京:清华大学出版社,2005.

[4] 瞿绍军,罗迅,刘宏.C++程序设计教程[M].2 版.武汉:华中科技大学出版社,2016.

[5] Brian W. Kernighan, Dennis M. Ritchie. C 程序设计语言[M].2 版.徐宝文,李志,译.北京:清华大学出版社,2004.

[6] 何钦铭,颜晖.C 语言程序设计题解与上机指导[M].北京:高等教育出版社,2008.

[7] 谭浩强.C 语言程序设计题解与上机指导[M].3 版.北京:清华大学出版社,2005.

[8] 瞿绍军,罗迅,刘宏.C++程序设计教程习题答案和实验指导[M].2 版.武汉:华中科技大学出版社,2018.

[9] 苏小红,王宇颖,等.C 语言程序设计[M].北京:高等教育出版社,2011.

[10] 王敬华,林萍,等.C 语言程序设计教程[M].北京:清华大学出版社,2009.

[11] 崔武子,赵重敏,等.C 程序设计教程[M].2 版.北京:清华大学出版社,2007.

[12] Dave Shreiner,等.OpenGL 编程指南:原书第 8 版[M].王锐,等译.北京:机械工业出版社,2014.

[13] 许真珍,蒋光远,田琳琳.C 语言课程设计指导教程[M].北京:清华大学出版社,2016.

[14] 李春葆,等.数据结构教程:C++语言描述[M].北京:清华大学出版社,2014.

图书在版编目(CIP)数据

C 语言程序设计实验实训教程/孟爱国，彭进香主编. —北京：北京大学出版社，2018.8
ISBN 978-7-301-29769-8

Ⅰ．①C…　Ⅱ．①孟…　②彭…　Ⅲ．①C 语言—程序设计—高等学校—教材　Ⅳ．①TP312.8

中国版本图书馆 CIP 数据核字(2018)第 179756 号

书　　　　名	C 语言程序设计实验实训教程
	C YUYAN CHENGXU SHEJI SHIYAN SHIXUN JIAOCHENG
著作责任者	孟爱国　彭进香　主编
责 任 编 辑	王　华
标 准 书 号	ISBN 978-7-301-29769-8
出 版 发 行	北京大学出版社
地　　　　址	北京市海淀区成府路 205 号　　100871
网　　　　址	http://www.pup.cn
电 子 信 箱	zpup@pup.cn
新 浪 微 博	@北京大学出版社
电　　　　话	邮购部 62752015　　发行部 62750672　　编辑部 62765014
印 刷 者	长沙超峰印刷有限公司
经 销 者	新华书店
	787 毫米×1092 毫米　16 开本　14.75 印张　368 千字
	2018 年 8 月第 1 版　2018 年 8 月第 1 次印刷
定　　　　价	42.00 元